과학자가 들려주는 과학 이야기 1~10권

# 통합형 논술 활용노트 1

# 통합형 논술 활용노트 1



초판 1쇄 발행일 | 2010년 9월 20일
초판 5쇄 발행일 | 2014년 11월 14일

펴낸이 | 황광수
펴낸곳 | (주)자음과모음

출판등록 | 2001년 11월 28일 제313-2001-259호
주 소 | 121-840 서울시 마포구 서교동 396-33
전 화 | 편집부 (02)324-2347, 경영지원부 (02)325-6047
팩 스 | 편집부 (02)324-2348, 경영지원부 (02)2648-1311
e-mail | soseries@jamobook.com
Home page | www.jamo21.net

ISBN 978-89-544-2281-9 (44400)
ISBN 978-89-544-2280-2 (set)

과학자가 들려주는 과학 이야기 1-10권

# 통합형 논술 활용노트 1

㈜자음과모음

차례

# 통합형 논술 활용노트

## 통합형 논술 활용노트란?

〈과학자가 들려주는 과학 이야기〉 시리즈의 독서 후 활동으로 활용되는 통합형 논술 활용노트입니다.

## 노트 활용하기!

첫 번째, 책을 다 읽고 나서 노트에 있는 문제들을 풀어 보도록 합니다.
두 번째, 모르는 문제는 그냥 넘어가도록 합니다.
세 번째, 문제를 다 풀었으면 책에서 답을 구해 보도록 합니다.
네 번째, 문제 중에는 여러분의 개인적인 생각을 써야 하는 부분이 있습니다. 자신의 생각을 논리적으로 적어 보도록 합니다.
다섯 번째, 어떤 이론이든 한 번에 나온 것은 없습니다. 과학자들이 실패를 거듭함으로써 얻어진 결과입니다. 여러분이라면 어떤 가설을 세웠을지 생각해 보도록 합니다.
여섯 번째, 노트는 책이 아닙니다. 말 그대로 여러분이 쓰고 싶은 것들을 연습장처럼 쓰면 됩니다.
일곱 번째, 노트의 맨 뒤에는 문제 풀이가 있습니다. 책을 찾아봐도 이해가 되지 않는 문제를 중심으로 보기 바랍니다. 이 노트는 채점을 위한 시험이 아닙니다. 얼마나 책을 잘 읽었는지, 잘 이해하고 있는지를 스스로 확인해 보는 것입니다.

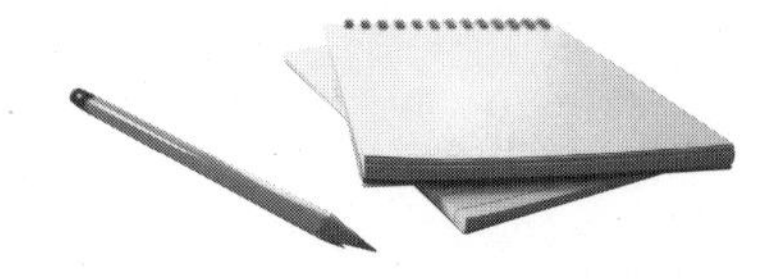

001

# 아인슈타인이 들려주는 상대성 이론 이야기

PV=nRT

W=F·S

Q=c·m·Δt

첫 번째 수업

# 01 속력이란 무엇일까요?

**1** 다음은 속력을 구하는 공식입니다. 빈칸에 알맞은 말을 넣으세요.

속력 = (　　　) ÷ (　　　)

**2** 어떤 자동차가 3시간 동안 60km를 갔다면 자동차의 속력은 얼마일까요?

**POINT**

속력이란 물체가 얼마나 빨리 움직이는가를 나타냅니다. 같은 거리를 움직일 때, 시간이 적게 걸릴수록 속력이 큽니다. 또한 같은 시간 동안 먼 거리를 이동할수록 속력이 큽니다. 이렇게 속력은 움직인 거리와 움직인 시간과 관계가 있습니다.

# 02 빛의 속력은 변하지 않아요

1. 갈릴레이의 속력 덧셈 공식에 따라 다음 속력을 구해 보세요.

20m/s의 속력으로 달리는 자동차에서 자동차가 움직이는 방향으로 3m/s의 속력으로 바나나 껍질을 던졌습니다. 자동차 밖에 서 있던 사람에게는 물체의 속력이 얼마로 보일까요?

2. 갈릴레이의 속력 덧셈 공식이 빛에는 적용되지 않습니다. 빛의 속력과 일반 물체의 속력에 어떤 차이가 있어서 그런 것인가요?

세 번째 수업

# 03 미래로 갈 수 있을까요?

타임머신의 원리는 시간이 서로 다르게 작용한다는 데서 출발합니다. 예를 들어 기차 안의 사람과 기차 밖에 정지해 있는 사람 간의 시간이 서로 다르게 흐른다는 것입니다. 왜 그런가요?

POINT

만일 기차의 속력이 거의 빛의 속력에 가까울 정도로 빠르다면 기차 안 사람의 시간과 기차 밖 사람의 시간의 차이는 더 크게 벌어져 10년 후, 100년 후의 미래로 여행할 수 있습니다. 이것이 바로 '미래로 가는 타임머신의 원리'입니다.

# 04 움직이는 사람에게는 거리가 짧아져요

**1** 움직이는 사람과 정지해 있는 사람에게는 같은 거리라도 같은 거리가 아니라고 했습니다. 누구의 거리가 더 짧은가요? 왜 그런지 원리도 설명해 주세요.

**2** 저 멀리 가로수가 있습니다. 여러분이 최신식 자동차를 타고 빛처럼 쌩 하고 지나갔습니다. 여러분에게 가로수는 어떻게 보일까요? 오른쪽 네모 안에 그려 보세요.

**POINT**

위와 같은 상황은 반대의 경우에도 성립합니다. 만일 어떤 사람이 정지해 있는데 누군가가 자전거를 타고 그 앞을 지나간다면 정지해 있는 사람에게 자전거를 타고 가는 사람은 삐쩍 마른 사람처럼 보입니다. 이것은 상대성 원리에 의한 것입니다.

다섯 번째 수업

# 05 움직이면 무거워져요

물체의 속력이 빨라질수록 질량도 커집니다. 왜 그런가요?

**2** 빛에는 질량이 없습니다. 빛에 질량이 있다면 어떨까요?

POINT

관성에 대해서도 알아야 합니다. 관성이란 물체가 원래의 운동 상태를 유지하고 싶어 하는 성질을 말합니다. 즉, 정지해 있던 물체는 정지 상태를 유지하고 싶어 하고, 움직이고 있는 물체는 그 속도로 계속 움직이고 싶어 하는 성질이 바로 관성입니다.

# 06 우주는 어떤 공간일까요?

1 다음 그림은 몇 차원인가요? 3차원이 되려면 어떤 모습으로 바뀌어야 할까요?

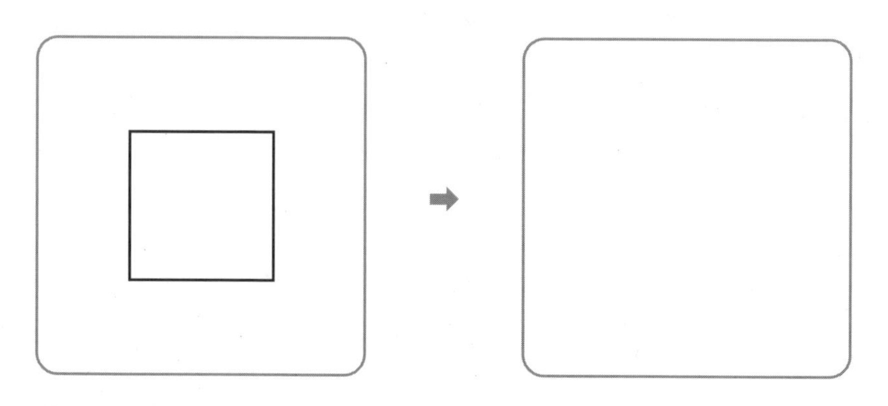

2 인터넷상에서 개미가 몇 차원의 생물체인지에 대한 논의가 활발합니다. 개미는 2차원 생명체일까요, 아니면 3차원 생명체일까요? 근거도 들어 주세요.

일곱 번째 수업

# 07 지구가 인형을 잡아당겨요

1 지구와 달리 달에서는 높은 곳까지 점프가 가능한 이유가 무엇인가요?

POINT

만유인력은 두 물체의 질량의 곱에 비례하고, 두 물체 사이의 거리의 제곱에 반비례합니다. 그러므로 지구와 지구상의 물체 사이의 만유인력 역시 마찬가지입니다. 지구가 지구상의 어떤 물체를 잡아당기는 만유인력을 지구의 중력이라고 합니다.

여덟 번째 수업

# 08 중력은 빛을 휘게 해요

1 태양계의 행성 중 태양에서 가장 가까운 수성과 가장 먼 해왕성 중 어느 행성에서 시간이 더 천천히 흐를까요? 왜 그런가요?

아홉 번째 수업

# 09 모든 것을 빨아들이는 블랙홀

1. 블랙홀은 주변의 모든 물체를 빨아들이는 곳입니다. 블랙홀의 이런 빨아들이는 힘은 어디에서 나오나요?

2. 지구가 블랙홀에 빨려 들어가지 않은 이유는 무엇인가요?

POINT

- 웜홀 : 블랙홀이 만든 터널입니다.
- 블랙홀 : 중력이 너무 커서 빛을 포함한 모든 물체를 빨아들입니다.
- 화이트홀 : 블랙홀과 반대로 물체를 무조건 밖으로 내보내는 천체입니다.

002

# 멘델이 들려주는 유전 이야기

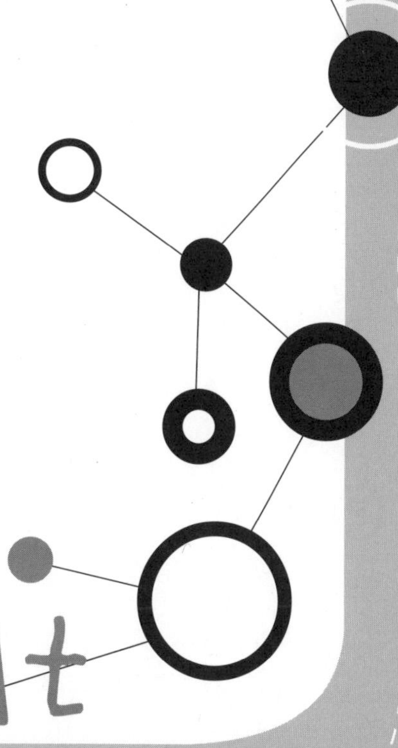

첫 번째 수업

# 01 옛날 사람들이 생각한 유전 현상은?

**1** 유전이란 무엇인가요? 유전의 정의를 내려 주세요.

**POINT**

고대 그리스의 유명한 의사 히포크라테스는 유전에 대해 다음과 같은 이론을 폈습니다.
"남자와 여자는 각각 자신의 유전적 특성을 가진 액체를 만들어 내는데, 두 액체가 만나 서로 경쟁을 하며 자식에게 유전적 특성을 전달한다. 아빠를 닮을지, 엄마를 닮을지는 그렇게 결정된다."

**2** 지금의 여러분 모습에는 부모님과 닮은 부분이 아주 많습니다. 여러분은 부모님과 어떤 부분이 닮았는지 써 보세요.

| 〈아버지가 가진 형질〉 | | 〈어머니가 가진 형질〉 | | 〈내가 가진 형질〉 |
| --- | --- | --- | --- | --- |
| •<br>•<br>•<br>• | + | •<br>•<br>•<br>• | = | •<br>•<br>•<br>• |

**POINT**

옛날 사람들은 부모의 형질이 자손에게 섞여 나타난다는 혼합설을 믿었습니다.

두 번째 수업

# 02 왜 완두로 실험했을까요?

1 대립 형질이란 무엇인가요?

2 아래 [보기]에서 대립 형질을 찾아보세요.

[보기]

키, 몸무게, 혀 말기, 쌍꺼풀, 보조개, 지능, 미모

3 멘델은 유전 법칙 연구에 완두를 사용했습니다. 그가 완두를 선택했던 이유는 무엇인가요?

세 번째 수업

# 03 식물의 생식 기관

**1** 식물은 수분 방법에 따라 자가 수분하는 것과 타가 수분하는 것으로 나뉩니다. 자가 수분과 타가 수분을 각각 설명해 주세요.

① 자가 수분 :

② 타가 수분 :

**2** 자가 수분하는 꽃의 열매와 타가 수분하는 꽃의 열매는 결과적으로 어떤 차이를 나타내나요?

3 빨리 잘 자라는 벼와 열매가 많이 맺히는 벼가 있습니다. 이 두 가지 벼를 가지고 생장 속도가 빠르고 많은 열매가 맺히는 우수한 품종의 벼를 얻고 싶을 때 어떻게 해야 할까요?

네 번째 수업

# 04 우열의 법칙

다음을 보고, 질문에 답해 보세요.

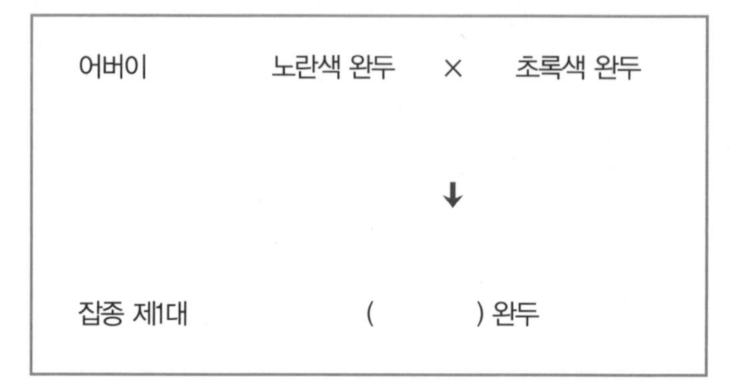


① 잡종 제1대는 무슨 색깔인가요?

② 이 색깔 형질은 우성인가요, 열성인가요?

위 사실을 바탕으로 '혼합설'을 비판해 보세요.

**POINT**

혼합설이란 검은색 물감과 흰색 물감을 섞으면 회색이 되듯이 부모의 형질도 자손에게 골고루 섞여 나온다는 이론입니다. 예를 들어, 키가 큰 아버지와 키가 작은 어머니 사이에서 태어난 자식은 키가 큰 아버지의 형질과 키가 작은 어머니의 형질이 섞여서 중간 키를 갖게 된다는 것입니다.

다섯 번째 수업

# 05 표현형과 유전자형

유전 형질은 표현형과 유전자형으로 나타낼 수 있습니다. 다음 완두의 모양 형질을 각각 표현형과 유전자형으로 나타내 보세요.

① 둥근 모양의 밑씨와 둥근 모양의 꽃가루가 만난 경우

유전자형 :

표현형 :

② 둥근 모양의 밑씨와 주름진 모양의 꽃가루가 만난 경우

유전자형 :

표현형 :

③ 주름진 모양의 밑씨와 주름진 모양의 꽃가루가 만난 경우

유전자형 :

표현형 :

여섯 번째 수업

# 06 초록 완두의 형질은 어디로 간 것일까요?

1 다른 대립 형질을 가진 완두를 각각 교배했을 때 잡종 제1대에서는 모두 우성이 나타났다면, 잡종 제1대를 다시 교배한 잡종 제2대에서는 어떤 결과가 나타날까요?

일곱 번째 수업

# 07 분리의 법칙

다음 표에 잡종 제2대의 유전자형과 표현형을 적어 빈칸을 채우세요.

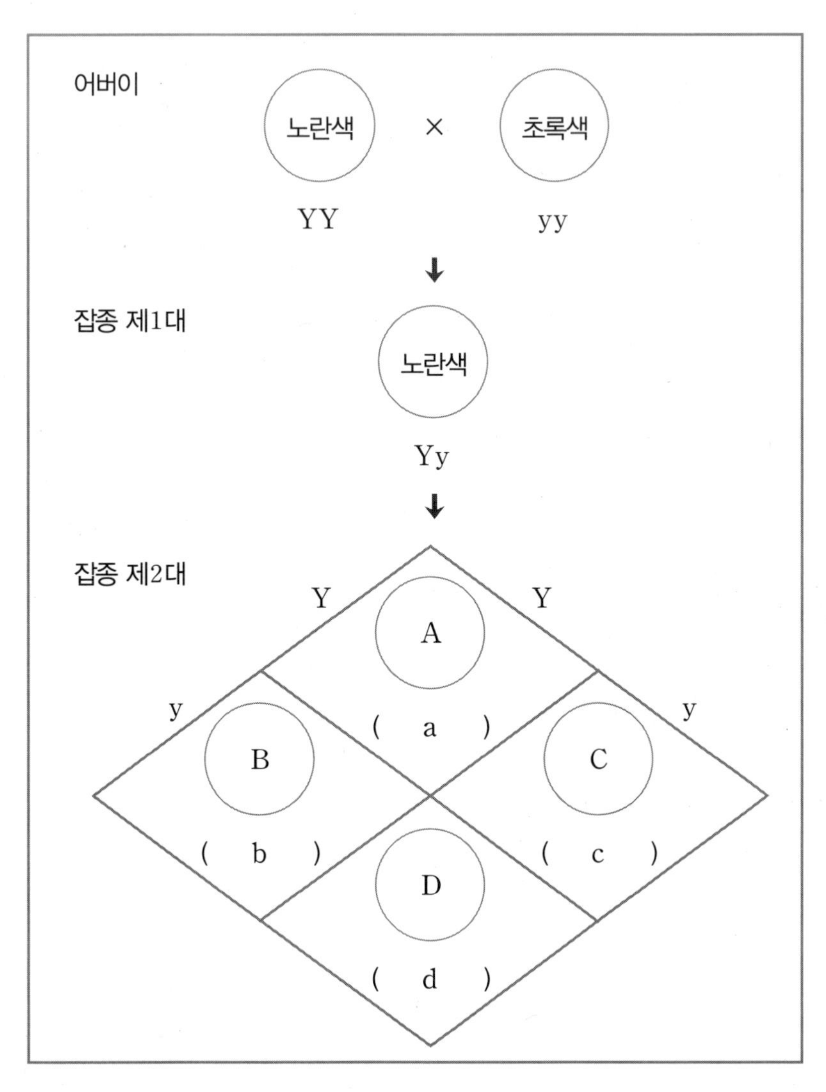

**2** 앞의 교배의 결과로 잡종 제2대에서 노란색 완두와 초록색 완두의 비율이 어떻게 나타났나요?

노란색 완두 : 초록색 완두 = (         ) : (         )

**3** 멘델이 발견한 '분리의 법칙' 이란 무엇인가요?

여덟 번째 수업

# 08 독립의 법칙

**1** 둥글고 노란색인 완두와 주름지고 초록색인 완두를 교배했을 때 잡종 제2대에서 나타날 수 있는 완두의 표현형은 몇 가지인가요?

(　　　)×(　　　)=(　　　)

**2** 7가지 형질을 모두 가진 완두가 가질 수 있는 표현형의 개수는 어떤 계산을 통해 나오는지 써 보세요.

(　　　　　　　　　　　　　　　　)=(　　　)

**POINT**

두 쌍의 대립 형질은 다음 세대로 유전될 때 각각 독립적으로 행동합니다. 따라서 각각 독립적으로 우열의 법칙과 분리의 법칙에 따라서 유전되는데, 이와 같은 유전 현상을 '독립의 법칙'이라고 합니다.

아홉 번째 수업

# 09 순종과 잡종을 어떻게 구별할 수 있을까요?

1 둥근 완두콩이 나올 수 있는 경우를 모두 찾아 유전자형으로 적어 주세요. 또 둥근 완두콩은 순종일까요, 잡종일까요?

POINT

순종이란 둥근 완두를 심었을 때 계속 둥근 완두만 열리는 것처럼 언제나 같은 형질을 나타내는 것을 말합니다. 그리고 잡종이란 각각 다른 순종인 어버이를 교배해 얻은 자손이 부모의 양쪽 형질을 다 물려받아 두 형질을 모두 갖고 있는 경우를 말합니다.

2 둥글고 노란색인 완두가 순종인지 잡종인지 알아보기 위해서는 어떤 유전자형을 가진 완두와 교배해야 할까요?

3 검정 교배란 무엇인가요?

열 번째 수업

# 10 멘델의 법칙은 항상 성립할까요?

1 독일의 과학자인 코렌스가 붉은 분꽃과 흰 분꽃을 교배했을 때 어떤 결과가 나타났나요? 또 잡종 제1대를 다시 자가 수분시켰을 때 어떤 결과가 나타났나요?

2 코렌스의 분꽃 유전 실험은 멘델의 어떤 유전 법칙과 맞지 않을까요?

3 코렌스의 실험 결과는 멘델의 유전 법칙과 일치하지 않는 결과가 나온 이유는 무엇인가요?

마지막 수업

# 11 멘델의 법칙과 사람의 유전 형질

1 사람의 유전 형질을 연구하는 데는 어떤 어려움들이 있을까요?

POINT

사람의 유전 연구는 여러 가지 어려움이 있기 때문에 가계도 조사 등의 간접적인 방법으로 이루어집니다. 가계도는 어떤 유전 형질이 가계를 따라 후손에게 어떻게 나타나는지를 그린 것입니다. 가계도를 보면 각 세대 간의 구성원, 남녀, 유전 형질의 이상 유무를 알 수 있습니다.

003

# 파인먼이 들려주는 불확정성 원리 이야기

$PV=nRT$

$W=F\cdot S$

$Q=c\cdot m\cdot \Delta t$

첫 번째 수업

# 01 전자란 무엇일까요?

**1** 가장 작은 수소 원자는 지름이 $10^{-10}$m라고 합니다. 그렇다면 $10^{-10}$은 어떤 수인지 분수와 소수로 나타내 보세요.

**2** 전자란 무엇인지 쓰세요.

**POINT**

전자가 살고 있는 집인 원자는 공 모양으로 생겼습니다. 원자는 너무 작기 때문에 우리는 원자 속을 볼 수가 없습니다. 원자 중에서도 가장 작고 가벼운 원자는 수소 원자입니다. 수소 원자는 지름이 $10^{-10}$m입니다.

## 3

유리관의 위아래에 두 개의 금속판을 놓고 두 금속판을 전자와 연결했습니다.

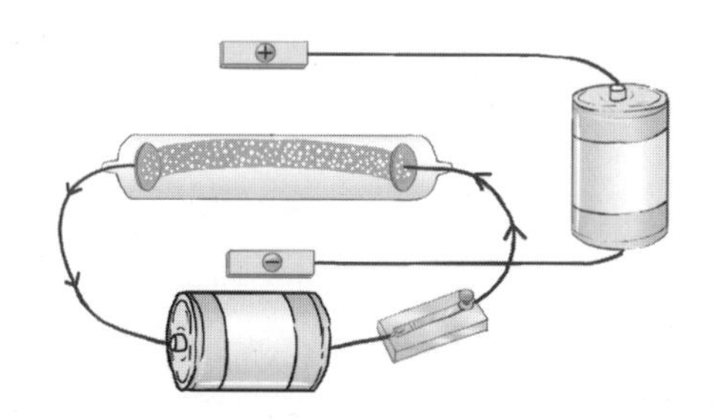

위쪽 판은 전지의 (+)극과 연결되어 있으니까 (+)전기를 띠고, 아래쪽 판은 (−)전기를 띠고 있습니다. 광선이 위쪽으로 휘었죠? 이것으로 미루어 짐작할 수 있는 사실을 적어 보세요.

두 번째 수업

# 02 광자란 무엇일까요?

전지를 떼어 내고 유리관의 양극에서 나온 도선 사이에 꼬마전구를 연결했습니다. 그리고 보랏빛을 유리관을 향해 비추었습니다.

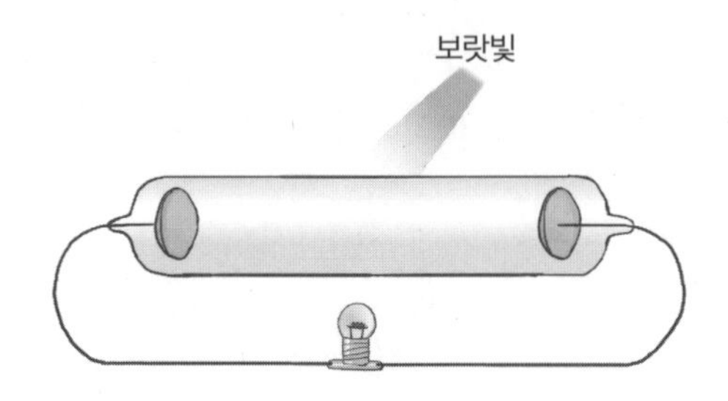


전지가 없는데도 꼬마전구에 불이 들어옵니다. 하지만 빨간빛을 유리관에 비추면 꼬마전구는 켜지지 않습니다. 왜 이런 차이가 생길까요?

2 빛은 질량이 없는 아주 작은 알갱이로 이루어져 있습니다. 이 알갱이를 무엇이라고 부를까요? 또 흰빛 속에는 몇 종류의 광자가 들어있나요?

POINT

우리는 빨강에서 보라까지 일곱 색깔의 빛을 볼 수 있습니다. 이렇게 우리 눈에 보이는 빛을 가시광선이라고 합니다. 하지만 적외선이나 자외선처럼 눈에 보이지 않는 빛도 있습니다.

세 번째 수업

# 03 원자는 어떻게 생겼을까요?

장난감 총으로 종이를 쏘면 총알이 종이를 쉽게 뚫고 지나갑니다.

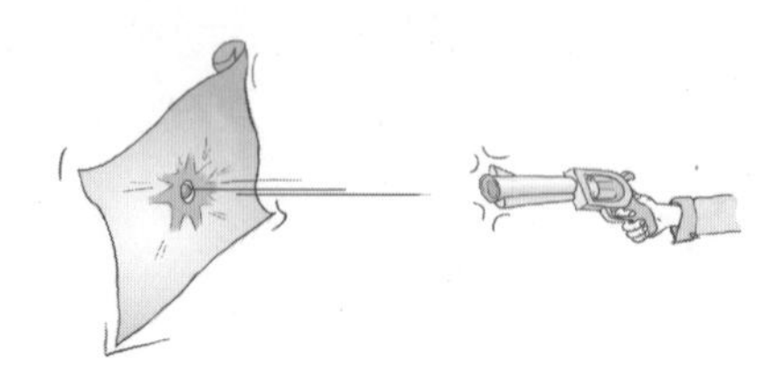

종이를 접을 수 있는 데까지 여러 번 접어 작고 두툼하게 만든 후 다시 총을 쏘면 종이에 부딪힌 총알이 밖으로 튕겨 나옵니다.

왜 이런 차이가 생길까요?

2 원자핵은 중앙에 가만히 있고 전자가 도는 까닭은 무엇인가요?

3 괄호 안에 알맞은 낱말을 채워 넣으세요.

두 물체를 마찰시키면 (                    )들이 움직여 두 물체는 서로 반대 부호의 전기를 띠는데, 이렇게 해서 생긴 전기를 마찰 전기 또는 (                    )라고 부릅니다.

**POINT**

원자핵의 크기는 원자 전체 크기의 1만분의 1에서 10만분의 1 사이입니다. 한마디로 아주 작습니다. 원자의 중심에는 작은 원자핵이 있고, 크기를 알 수 없을 정도로 작고 가벼운 전자들이 그 주위를 돌고 있습니다.

네 번째 수업

# 04 전자가 기차 타요

1 전자에게 에너지를 주는 두 가지는 무엇인가요?

POINT

마찰이 있으면 열이 생깁니다. 다시 말해 에너지가 줄어든 만큼 열이 생깁니다. 물론 이 열은 주위의 온도를 올리는 기능을 합니다.

다섯 번째 수업

# 05 불확정성 원리가 뭘까요?

1 우리는 전자의 크기도 모르고 전자를 볼 수도 없습니다. 또한 전자가 어떤 길을 따라 움직이는지도 알 수 없습니다. 따라서 우리는 전자의 위치를 정확하게 알 수 없습니다. 이렇게 물체의 위치와 속도를 정확하게 측정할 수 없는 원리를 무엇이라고 하나요?

2 다음의 공식으로 미루어 볼 때 위치 오차를 작게 하면 속도 오차는 어떻게 될까요? 또 속도 오차를 작게 하면 위치 오차는 어떻게 될까요?

(위치 오차) × (속도 오차) = (양자 상수) ÷ (질량)

3 원자 속의 전자들이 뉴턴의 운동 법칙을 따르지 않는 이유는 무엇인가요?

여섯 번째 수업

# 06 전자는 어디에 있을까요?

1. 물체의 속력이 빠를수록 물체는 어떻게 보일까요?

2. 전자구름이란 무엇인지 쓰세요.

**POINT**

원자 속의 전자는 어느 위치에 있는지 정확히 알 수 없습니다. 하지만 전자가 있을 확률이 가장 높은 위치는 알 수 있습니다.

일곱 번째 수업

# 07 원자핵에는 누가 살까요?

수소와 헬륨은 무엇과 무엇으로 이루어져 있나요? 각각 설명해 보세요.

수소 헬륨

2 빈칸에 알맞은 말을 넣으세요.

원자의 질량은 대부분 (           )이 차지하고 있습니다. 이것은 (           )와 (           )로 이루어져 있습니다.

3 이 원자의 질량은 수소 질량의 두 배입니다. 그런데 전자의 개수가 하나이므로 화학적으로는 수소와 똑같이 행동합니다. 이 원자를 무엇이라고 부를까요?

POINT

여러 가지 원자들은 질량에 따라 가벼운 것부터 차례로 원자 번호가 매겨져 있습니다. 수소는 1번, 헬륨은 2번, 리튬은 3번 이런 식입니다.

# 08 원자핵 속에서는 어떤 일이 벌어질까요?

**1** 다음 그림은 우라늄의 원자핵이 두 개의 가벼운 원자핵으로 분열되는 모습입니다. 이는 에너지가 나오는 반응입니다. 아래의 식을 완성해 보세요.

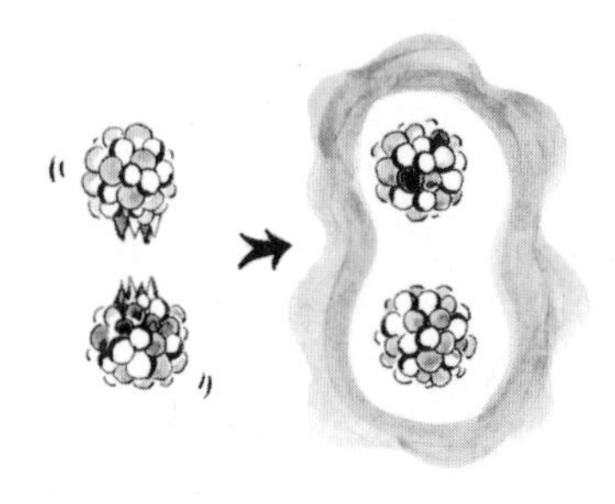

우라늄 + 중성자 →

2 우라늄 원자핵이 연쇄 핵분열을 일으키면 큰 에너지가 발생합니다. 이것은 무기로 사용하면 원자 폭탄이 되지만 거꾸로 좋은 일에 쓰이기도 합니다. 그 대표적인 것으로 무엇이 있을까요?

POINT

무거운 원자핵이 쪼개져서 가벼운 원자핵들이 되는 것을 핵분열이라고 합니다. 그리고 가벼운 원자들이 합쳐져서 무거운 원자를 만드는 것을 핵융합이라고 합니다.

마지막 수업

# 09 쿼크란 무엇일까요?

1 양성자와 중성자는 각각 몇 개의 업 쿼크와 다운 쿼크로 이루어져 있나요?

POINT

양성자와 중성자를 만드는 기본이 되는 작은 알갱이를 쿼크라고 합니다.

**2** 양성자가 점점 빠르게 돌게 하려면 양성자에게 힘을 작용시켜야 합니다. 이때 가장 쉬운 방법은 무엇인가요?

004

# 호킹이 들려주는 빅뱅 우주 이야기

$pV=nRT$

$W=F \cdot s$

$Q=c \cdot m \cdot \Delta t$

첫 번째 수업

# 01 우주에는 어떤 물질들이 있을까요?

지구가 속해 있는 태양계를 그려 보세요.

스스로 빛과 열을 내는 천체를 별 또는 항성이라고 부릅니다. 우리 태양계에서는 오로지 태양만이 항성입니다. 항성의 주위를 빙글빙글 돌고 있는 천체를 행성이라고 하고, 행성의 주위를 도는 것을 위성이라고 합니다.

2 우주 속에 있는 행성들은 어떻게 만들어지나요?

3 별과 행성에는 어떤 차이점이 있나요?

두 번째 수업

# 02 별이 죽으면 무엇이 될까요?

**1** 블랙홀은 아주 무거운 별의 시체입니다. 강력한 중력장을 가지고 있어 빛도 빨아들인다고 합니다. 그렇다면 빨아들인 빛으로 그 안은 밝을까요, 아니면 어두울까요?

POINT

무거운 별인 중성자별도 일생을 마치면 크기는 아주 작고 질량은 아주 큰 천체가 되어 우리 우주에 구멍을 만듭니다. 이것이 바로 블랙홀입니다.

세 번째 수업

# 03 밤하늘은 왜 어두울까요?

1 여러분은 우주가 무한하다고 생각하나요, 아니면 유한하다고 생각하나요?

2 색깔을 구분할 수 있는 파장을 가진 빛을 가시광선이라고 합니다. 이와 반대로 눈에 보이지 않는 빛에는 어떤 것들이 있는지 말해 보고, 두 가지로 분류해 보세요.

네 번째 수업

# 04 우주의 나이는 몇 살일까요?

1. 안드로메다은하의 별빛이 빨간빛에 가까워지는 것을 통해 별들이 우리로부터 멀어진다는 사실을 알 수 있습니다. 이것을 도플러 효과로 설명해 보세요.

2. 안드로메다은하가 점점 멀어진다는 것은 무엇을 뜻할까요?

POINT

허블의 법칙에 따라, 우주가 점점 팽창한다는 사실로부터 우주의 나이를 알 수 있습니다. 우주의 나이는 우주가 팽창한 시간을 나타냅니다.

# 05 빅뱅 이야기

빅뱅으로 우주가 탄생한 것처럼 또 다른 우주도 만들어질까요?

일곱 번째 수업

# 07 우주가 우주를 낳을 수도 있을까요?

**1** 웜홀과 화이트홀이 하는 역할은 무엇인가요?

**POINT**

우주에는 중력이 큰 블랙홀도 있지만, 중력이 작은 가벼운 별들도 있습니다. 블랙홀처럼 중력이 아주 큰 곳에서는 우주 공간이 너무 많이 휘어져 우주에 구멍이 생기게 됩니다.

여덟 번째 수업

# 08 우리 우주의 모습은?

1 우주는 팽창과 수축을 반복하는데, 현재 우주는 팽창하고 있는 단계라고 합니다. 왜 팽창하고 있는 걸까요?

**2** 은하의 별들이 흩어지지 않게 하기 위한 물질로 암흑 물질이 있습니다. 그렇다면 이 암흑 물질도 일종의 블랙홀이라고 볼 수 있을까요?

# 09 우주에 외계인이 있을까요?

1. 우주에는 많은 행성이 있지만 그곳에서 생명체가 살 수는 없습니다. 그 이유는 무엇인가요?

2. 지구인은 이미 달을 탐사했습니다. 인간이 달에서 살기 위해서는 어떤 노력을 해야 할까요?

3 지구에서 더 이상 살 수 없어 다른 곳을 찾아야 한다면 태양계 중 어느 행성이 가장 적합할까요?

005

# 가우스가 들려주는 수열 이야기

PV=nRT

W=F·S

Q=c·m·Δt

첫 번째 수업

# 01 차이가 일정한 수열

다음 수들을 보고, 빈칸을 차례대로 채워 보세요.

1, 3, 5, 7, ⋯

위와 같이 어떤 규칙을 가지고 배열되어 있는 수들을 (　　)이라고 합니다. 또한 연속된 두 수의 차가 일정한 규칙을 가진 수열을 (　　)이라고 하고, 두 수의 차를 (　　)라고 합니다. 그리고 수열을 이루고 있는 하나하나의 숫자를 (　　)이라고 합니다.

# 02 비의 값이 일정한 수열

다음 수를 보고 물음에 답하세요.

1, 2, 4, 8, 16, ⋯

① 등비수열이란 무엇인가요?

② 위의 등비수열에서 공비는 얼마인가요?

세 번째 수업

# 03 피보나치수열

다음 수열을 보고 답하세요.

1, 1, 2, 3, 5, 8, ⋯

이것은 피보나치수열입니다. 이 수열이 지닌 특별한 규칙 중 하나를 덧셈을 이용해 표현해 보세요.

# 04 이상한 규칙을 갖는 수열

아래 수열에서 제6항의 값을 구해 보세요.

$$1,\ 0.5,\ \frac{1}{3},\ 0.25,\ 0.2,\ \cdots$$

아래 수열은 계차수열입니다.

1, 2, 4, 7, ⋯

① 계차수열은 어떤 수열인가요?

② 주어진 수열의 제5항을 구해 보세요.

# 05 수열 더하기

**1** 아래 수열은 5개의 항으로 이루어진 등차수열입니다. 등차수열이 지닌 특별한 규칙으로 주어진 수열의 합을 구해 봅시다.

4, 8, 12, 16, 20

| 4<br>( ① ) | + | 8<br>( ② ) | + | 12<br>( ③ ) | + | 16<br>( ④ ) | + | 20<br>( ⑤ ) |
|---|---|---|---|---|---|---|---|---|

사각형 안의 두 수를 합하면 ( ⑥ )입니다. ( ⑥ )가 모두 ( ⑦ )개 있으니까 사각형 안의 수의 합은 ( ⑧ )×( ⑨ )=( ⑩ )입니다. 그러므로 우리가 구하는 합은 그 값의 절반인 ( ⑪ )이 됩니다.

**2** 아래 그림처럼 한 변에 성냥개비가 1개, 2개, 3개, 차례로 늘어날 때, 추가되는 작은 삼각형의 개수를 구하면 다음과 같습니다.

1, 3, 5, 7, 9, ⋯

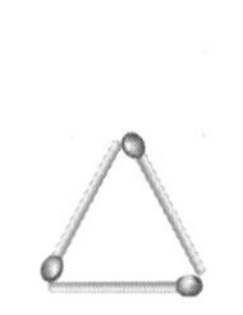
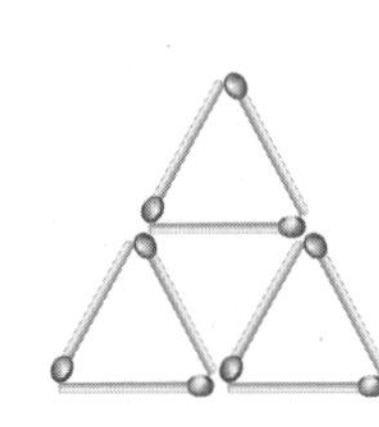
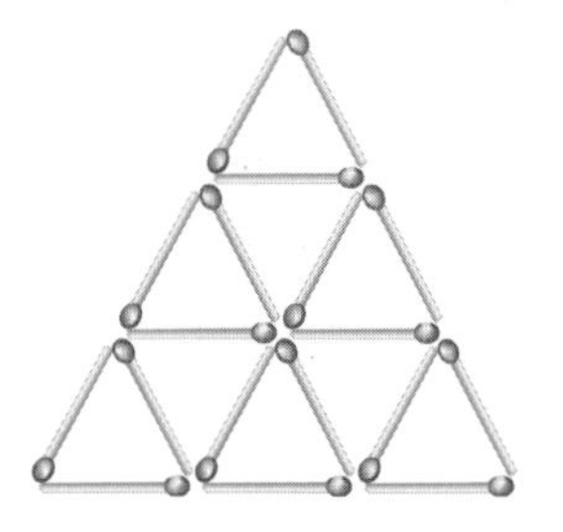

한 변에 성냥개비가 8개인 삼각형 안에 들어 있는 작은 삼각형의 개수를 구해 보세요.

여섯 번째 수업

# 06 등비수열 무한히 더하기

**1** 아래와 같이 1을 무한히 더하면 우리가 상상할 수 없이 커다란 수가 나오게 됩니다. 이러한 수를 우리는 ( ① )라고 부르고, 기호로 ( ② )라고 씁니다.

$$1+1+1+1+\cdots$$

**2** 다음은 공비가 1보다 작은 등비수열에서 무한히 많은 항의 합을 구하는 식입니다. 괄호 안을 채워 보세요.

( ① ) ÷ ( 1 − ② )

아래 등비수열의 합을 구하세요.

$$3+\frac{3}{2}+\frac{3}{4}+\frac{3}{8}+\frac{3}{16}+\cdots$$

( ① ) ÷ ( 1−② ) = ( ③ )

일곱 번째 수업

# 07 순환소수를 분수로 바꿀 수 있을까요?

**1** 유한소수와 무한소수는 어떻게 다른가요?

① 유한소수 :

② 무한소수 :

**2** 아래의 식을 10의 거듭제곱을 사용하여 나타내 보세요.

$$0.2+0.05$$

## 3 아래의 수를 등비수열의 합을 구하는 공식을 통해 분수로 고쳐 보세요.

$0.555\cdots$

마지막 수업

# 09 원주율을 수열로 나타낼 수 있을까요?

**1** 지름이 □인 원의 둘레의 길이는 $\pi \times$ □이고, 이때 $\pi = 3.141592\cdots$입니다. 이렇게 순환마디가 없는 무한소수는 분수로 나타낼 수 없습니다. 이런 수를 무엇이라고 하나요?

006

# **파스칼**이 들려주는 **확률** 이야기

PV=nRT

W=F·S

Q=c·m·Δt

첫 번째 수업

# 01 경우의 수를 구하는 방법

1 곰 인형 2개와 사람 인형 3개 중 1개를 가지는 방법은 몇 가지일까요?

2 1번 질문에 적용된 법칙은 무엇일까요?

POINT

모든 경우의 수를 헤아릴 때 조심해야 할 점은 어떤 경우도 빼먹지 않고, 중복해서 헤아리지 않아야 한다는 것입니다.

# 02 순서대로 나열하기

1. 3명의 학생을 순서대로 세우는 방법은 모두 몇 가지일까요?

2. 다음 숫자를 읽어 봅시다.

① 2!

② 3!

③ 4!

POINT

서로 다른 숫자를 일렬로 나열하는 방법은 1부터 그 수까지의 수를 차례로 곱하면 됩니다.

**3** 다음 4장의 숫자 카드로 만들 수 있는 서로 다른 네 자리 수는 모두 몇 가지일까요?

**POINT**

언뜻 생각하면 4!이라고 생각하기 쉬우나 0이 첫 자리에 오는 경우를 제외하면 답을 구할 수 있습니다.

세 번째 수업

# 03 같은 것이 있을 때의 순열

**1** 다음 그림은 집에서 궁궐까지의 도로를 그린 것입니다. 가로와 세로 방향 도로 하나의 길이는 각각 2m, 1m입니다. 집에서 궁궐까지 가장 짧게 갈 수 있는 길은 모두 몇 가지일까요?

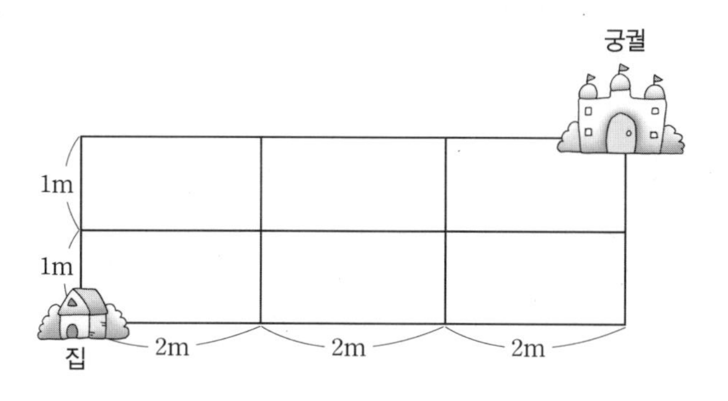

# 04 여러 번 택하여 나열하기

**1** 서로 다른 숫자 카드 2개에서 4개를 뽑아 나열하는 방법의 수는 모두 몇 가지일까요?

**POINT**

뽑았던 것을 또 뽑을 수 있는 순열을 중복순열이라고 합니다.

# 05 원탁에 나열하기

1 원탁에 3명을 앉히는 방법의 수는 모두 몇 가지일까요?

POINT

3개의 물체를 원탁에 나열하는 방법의 수는 물체의 개수에서 1을 뺀 수의 팩토리얼이 됩니다.

여섯 번째 수업

# 06 순서없이 뽑기만 하는 방법의 수

1. 두 수를 뽑아 순서대로 나열하는 방법의 수는 단지 두 수를 뽑기만 하는 방법의 수의 2배가 됩니다. 이런 규칙이 성립하는 이유는 무엇일까요?

2. 아래 그림에서 만들어지는 사각형의 수는 다음과 같습니다.

$$\overset{A}{\frac{3\times2}{2\times1}}\times\overset{B}{\frac{4\times3}{2\times1}}=18(\text{가지})$$

| | | |
|---|---|---|
| | | |

위 식에서 A와 B는 각각 무엇을 나타내는 식일까요?

일곱 번째 수업

# 07 확률의 정의

1 확률의 정의를 내리고, 중요한 성질 1가지를 적어 봅시다.

여덟 번째 수업

# 08 확률의 법칙

**1** 1부터 10까지 적힌 10장의 숫자 카드 중 1장의 카드를 뽑는 경우를 생각해 봅시다. 이때 뽑힌 카드가 3의 배수 또는 4의 배수일 확률을 구해 봅시다.

마지막 수업

# 09 기댓값이란 무엇일까요?

**1** 100원짜리 동전 2개를 던져 앞면이 나온 횟수에 따라 상금을 받는 게임을 생각해 봅시다. 상금의 액수와 참가비는 각각 얼마가 되어야 공평할까요?

007

# 뉴턴이 들려주는 **만유인력** 이야기

PV=nRT

W=F·s

Q=c·m·Δt

첫 번째 수업

# 01 힘과 가속도는 어떤 관계일까요?

1 물체의 속도가 변하는 것을 나타낼 때 가속도를 사용하면 편리합니다. 가속도란 무엇일까요? 그 단위도 쓰세요.

2 질량이 60kg인 남학생과 질량이 30kg인 여학생을 같은 힘으로 밀었습니다. 그리고 2초 후 두 사람의 속도를 스피드건으로 측정했습니다. 남학생의 속도는 4m/s이고, 여학생의 속도는 8m/s였습니다. 각각의 가속도는 얼마일까요?

두 번째 수업

# 02 두 힘이 평형이라는 것은 무슨 뜻일까요?

1 하나의 물체에 두 개의 힘이 작용해 힘의 합력이 커지려면 어떤 조건을 만족해야 하나요?

2 두 사람이 반대 방향으로 같은 크기의 힘을 작용하면 어떻게 될까요?

세 번째 수업

# 03 만유인력이란 무엇일까요?

**1** 괄호 안에 알맞은 말을 차례로 넣으세요.

질량을 가진 두 물체 사이에는 서로를 끌어당기는 만유인력이 존재합니다. 만유인력은 두 물체의 질량의 곱에 ( ① )하고 두 물체 사이의 거리의 제곱에 ( ② )합니다.

**2** 달에서는 지구에서보다 쉽게 높은 곳까지 올라갈 수 있습니다. 왜 그럴까요?

**3** 남학생에게 얇은 종이를 들고 있게 하고, 그 위에 무거운 쇠구슬을 올려 놓았습니다. 그랬더니 종이가 처지면서 쇠구슬이 종이를 뚫고 바닥에 떨어졌습니다. 쇠구슬은 왜 바닥으로 떨어졌을까요?

**POINT**

물체에 작용하는 두 힘이 평형을 이루지 못하면 물체는 큰 힘이 작용하는 방향으로 움직입니다.

네 번째 수업

# 04 탄성력이란 무엇일까요?

**1** 벽에 연결된 용수철의 끝에 나무토막을 매달았습니다. 그리고 한 손으로 나무토막을 잡아당긴 후 그대로 있었습니다. 용수철을 당기는 힘과 용수철의 탄성력을 빈칸에 알맞게 채워 보세요. 또 두 힘이 같을 때 나무토막은 어떻게 되는지도 쓰세요.

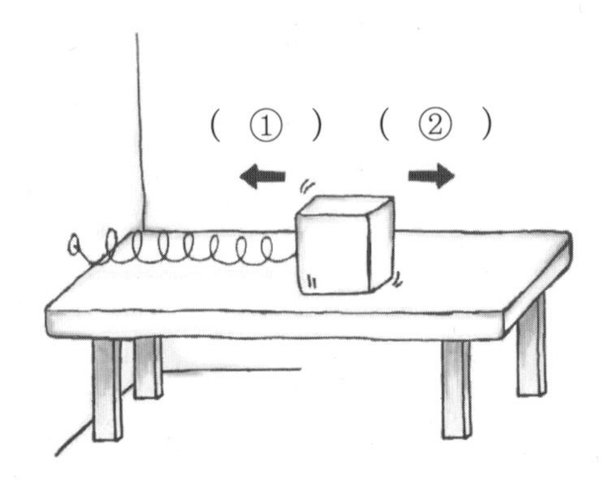

**2** 용수철에 매달린 추를 세게 잡아당기면 살살 잡아당길 때보다 용수철이 더 많이 늘어납니다. 이때에는 용수철이 원래의 길이로 돌아가려고 하는 힘인 탄성력도 그만큼 커집니다. 용수철의 탄성력과 늘어난 길이에는 어떤 관계가 성립할까요?

**3** 같은 무게의 물체를 매달았을 때 용수철의 늘어나는 길이와 용수철 상수는 어떤 관계가 있을까요?

다섯 번째 수업

# 05 마찰력이란 무엇일까요?

**1** 한 여학생이 서 있는 트럭을 힘껏 밀었지만 트럭은 꼼짝도 하지 않았습니다. 트럭이 움직이지 않은 까닭은 무엇일까요?

**2** 인라인스케이트를 신고 서 있는 사람을 남학생이 뒤에서 밀었습니다. 스케이트를 탄 사람은 앞으로 나아가다가 멈췄습니다. 움직이는 물체가 마찰력을 받으면 왜 멈추는 걸까요?

**POINT**

물체가 움직이지 않도록 하는 마찰력을 '정지 마찰력'이라고 하고, 물체가 움직이고 있을 때 물체가 받는 마찰력을 '운동 마찰력'이라고 합니다.

# 06 작용과 반작용은 어떤 관계일까요?

1 사과가 땅에 떨어지는 것은 지구가 사과를 끌어당기기 때문입니다. 물론 사과도 지구를 끌어당기지만 지구 질량이 너무 크기 때문에 가벼운 사과가 지구 쪽으로 당겨지는 것입니다. 이때 지구가 사과에 작용한 힘과 사과가 지구에 작용한 힘을 각각 무엇이라고 하나요?

2 여학생이 저울 위에 있는 탁자에 올라앉자 저울은 360N을 가리켰습니다. 이번에는 여학생에게 팔을 쭉 뻗어 힘껏 땅바닥을 누르라고 했습니다. 그랬더니 저울의 눈금이 320N으로 좀 전보다 40N이 줄었습니다. 왜 그럴까요?

3 진우와 태호가 줄다리기를 했는데, 진우가 태호에게 끌려갔습니다. 두 사람이 줄을 당기는 힘은 줄의 장력과 같기 때문에, 이 두 힘은 같습니다. 그러면 어떤 힘의 차이 때문에 태호가 이긴 걸까요?

일곱 번째 수업

# 07 원운동을 일으키는 힘은 무엇일까요?

**1** 양동이에 물을 가득 받은 뒤 거꾸로 뒤집었더니 물이 쏟아졌습니다. 이번에는 양동이에 물을 다시 채워 원을 그리며 빙빙 돌렸습니다. 이번에는 물이 쏟아지지 않았습니다. 이 두 현상은 각각 어떤 힘이 작용하기 때문에 그런 것인가요?

**2** 원운동을 하기 위해서는 구심력이 있어야 합니다. 물체의 구심력을 구하는 식을 쓰고, 구심력의 방향에 대해 설명해 보세요.

**POINT**

원심력은 실재하는 힘이 아니라 관성력에서 변형된 힘으로, 원운동의 움직임을 묘사하기 위해 억지로 집어넣은 잘못된 표현입니다. 쇼트 트랙 선수가 커브를 돌다 미끄러졌을 때 원심력 때문이라고 하지 말고 구심력을 받지 못해 미끄러진 것이라고 표현해야 합니다.

# 09 운동량 보전 법칙은 무엇일까요?

**1** 두 물체가 서로 다른 속도로 움직이다 충돌하면 두 물체의 속도는 달라집니다. 이때 두 물체의 운동량도 달라집니다. 하지만 아무렇게나 달라지지 않고 운동량 보존 법칙에 따라 변합니다. 운동량 보존의 법칙이란 무엇인가요?

008

# **갈릴레이**가 들려주는 **낙하 이론** 이야기

PV=nRT

W=F·S

Q=c·m·Δt

첫 번째 수업

# 01 속력이란 무엇일까요?

1. 물체가 움직일 때 어떤 시간 간격을 잡든 같은 시간 동안 움직인 거리가 같다면 물체가 어떻게 움직였다는 것인가요?

2. 평균 속력의 정의를 내려 보세요.

# 02 속도란 무엇일까요?

1 거리에서는 사람의 움직인 방향을 나타낼 수 없지만, 좌표에서는 나타낼 수 있습니다. 어떻게 나타내나요?

POINT

화살표로 물체의 움직인 방향과 크기를 표시한 물리량을 벡터라고 합니다. 이때 나중 위치의 좌표에서 처음 위치의 좌표를 뺀 값을 물체가 움직인 변위라고 하고, 처음 위치에서 나중 위치로 향하는 화살표를 변위 벡터라고 합니다.

2 피타고라스의 정리를 정의해 보세요.

3 물체가 북쪽으로 6m를 갔다가 동쪽으로 8m를 갔을 때의 변위 벡터를 표현해 보세요.

# 03 가속도란 무엇일까요?

1 가속도의 정의와 가속도를 구하는 식을 적어 보세요.

2 속도의 방향은 물체가 움직이는 방향입니다. 그렇다면 가속도의 방향도 물체가 움직이는 방향일까요?

네 번째 수업

# 04 자유 낙하 운동

**1** 자유 낙하는 지구가 물체를 잡아당기기 때문에 일어납니다. 그런데 물체의 자유 낙하는 물체의 질량과 아무 상관이 없어, 무거운 것이든 가벼운 것이든 같은 높이에서 떨어뜨리면 동시에 바닥에 떨어진다고 합니다. 그러나 같은 높이에서 쇠구슬과 종이 한 장을 동시에 떨어뜨릴 때 쇠구슬이 더 빨리 떨어집니다. 왜 그런 것인가요?

**2** 비탈면을 따라 물체가 내려오는 경우, 물체는 어떤 운동을 하나요?

# 05 그네의 운동

1 그네의 속도를 높이와 관련지어 설명해 보세요.

여섯 번째 수업

# 06 포물선 운동

1 수평 방향으로 던진 물체가 포물선 모양으로 떨어지는 이유는 무엇 때문인가요?

POINT

같은 높이의 건물에 한 사람씩 올라가 마주 선 채 한 사람은 자유 낙하로 인형을 떨어뜨리고, 다른 한 사람은 수평 방향으로 장난감 총을 쏘았습니다. 이때 총알은 인형을 맞히게 됩니다. 왜냐하면 포물선 운동과 자유 낙하 운동은 같은 시간 동안 수직 낙하하는 거리가 같기 때문입니다.

일곱 번째 수업

# 07 관성이란 무엇일까요?

1. 관성이란 무엇인가요?

2. 버스가 속도를 줄이거나 갑자기 멈추면 버스 안의 사람이 앞으로 쏠리게 되는데, 왜 그런 것일까요?

3 우리의 일상생활에서 관성을 발견할 수 있는 예를 찾아보세요.

여덟 번째 수업

# 08 관성계란 무엇일까요?

지구는 관성계가 아닌데도 위로 던진 물체가 똑바로 올라갔다가 똑바로 떨어집니다. 왜 그런 것인가요?

POINT

일정한 속도로 움직이는 곳에서는 정지해 있는 곳에서와 물리 현상이 똑같이 관측되는데, 이렇게 일정한 속도로 움직이는 곳을 모두 관성계라고 합니다. 똑같은 속도로 움직이는 수레에서 공을 위로 던지면 정지해 있던 곳에서 던질 때처럼 똑바로 올라갔다 똑바로 떨어집니다.

마지막 수업

# 09 지구가 태양 주위를 도는 이유는 무엇일까요?

1 갈릴레이가 천동설은 옳지 않고 지동설이 맞다는 것을 어떤 방법으로 증명했나요?

2 여러분도 지구가 둥글다는 것을 근거를 들어 증명해 보세요.

009

# 왓슨이 들려주는 DNA 이야기

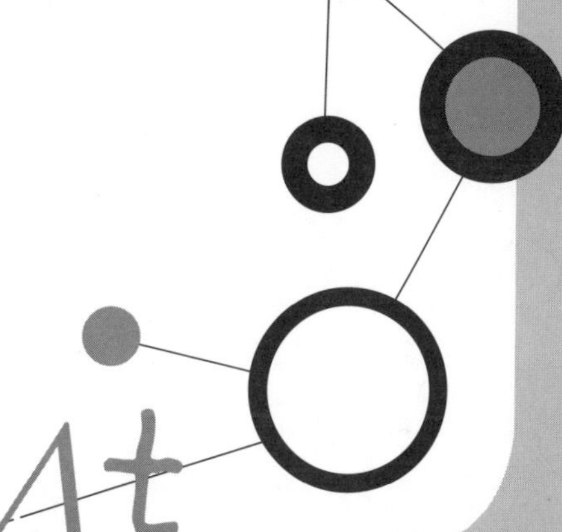

첫 번째 수업

# 01 DNA는 무슨 일을 할까요?

1 DNA가 하는 일은 크게 두 가지로 나눌 수 있습니다. 어떤 일인가요?

2 DNA는 어디에 있나요? 우리 몸속에서 DNA가 있는 위치를 설명해 보세요.

POINT

우리 몸은 약 60조 개의 세포로 구성되어 있습니다. 마치 60조 개의 벽돌로 이루어진 집처럼 우리 몸을 이루고 있는데, 이는 그냥 벽돌이 아니라 하나하나가 공장처럼 일을 합니다. 마치 60조 개의 공장이 있는 것과 같습니다. 이러한 세포 덕분에 우리가 살아가는 것입니다.

# 02 DNA는 실같이 생겼어요

1 구슬 모양의 단백질에 감아 놓은 DNA를 겹쳐서 꼬면 무엇이 되나요?

2 위의 답인 이것을 운반하기 좋게 뭉치면 무엇이 되나요?

POINT

사람의 경우 유전자의 수가 3만여 개나 됩니다. DNA의 어떤 부분에는 피부 색깔에 대한 정보가, 어떤 곳에는 눈꺼풀에 대한 정보가, 어떤 곳에서는 키에 대한 정보가 일렬로 쭉 입력되어 있습니다.

세 번째 수업

# 03 DNA에는 암호가 있어요

1 왜 DNA는 기다란 실 모양을 하고 있을까요?

2 DNA는 '이중 나선 구조' 입니다. 쉽게 말해 꼬인 사다리 모양입니다. DNA의 모양을 그려 보거나 철사를 가지고 DNA 모형을 만들어 보세요.

네 번째 수업

# 04 DNA 암호 전달하기

1. DNA의 정보는 어떻게 세포질로 보내지나요?

2. 간세포와 뇌세포가 하는 일이 서로 다른 것은 DNA가 서로 다르기 때문이 아닙니다. 같은 DNA이면서 세포가 하는 일이 다른 이유는 무엇인가요?

POINT

DNA 정보는 복사되어 세포질로 전달되는데, 이때 모든 DNA 정보가 복사되는 것이 아니라 필요한 DNA만 복사됩니다.

다섯 번째 수업

# 05 DNA의 정보에 따라 세포는 무슨 일을 할까요?

1 DNA 정보에 따라 세포는 어떤 일들을 하나요?

2 단백질은 우리 몸에서 여러 가지 일을 합니다. 예를 들어 어떤 일들을 하는지 써 보세요.

# 06 DNA는 자손에게 어떻게 전달될까요?

**1** 부모님의 DNA가 자녀에게 전달되어도 자녀의 DNA 수가 두 배로 늘지 않고 같은 양을 유지할 수 있는 이유는 무엇인가요?

**2** 다음 빈칸에 들어갈 숫자와 단어를 적으세요.

> 우리 세포 안에 ( ① )개의 염색체가 있는데 둘씩 모양과 크기가 같아서 ( ② )쌍의 염색체가 세포 안에 들어 있는 셈입니다. 그중 맨 마지막 쌍은 ( ③ )로 남녀가 서로 다릅니다. 남자의 ( ③ )은 XY이고, 여자의 ( ③ )은 XX입니다.

일곱 번째 수업

# 07 DNA와 유전자

1 1란성 쌍생아는 모습이 서로 같습니다. 쌍생아끼리 서로 닮은 이유는 정자와 난자가 수정된 후 어떠한 과정을 겪기 때문인가요?

2 게놈이란 무엇인가요?

POINT

사람들에게는 3만 개의 유전자 쌍이 있습니다 유전자는 아빠와 엄마로부터 각각 절반씩 물려받습니다. 한 형질을 나타내는 유전자 중 활동하는 유전자를 우성, 활동하지 않는 유전자를 열성이라고 합니다. 곱슬머리가 우성, 곧은 머리가 열성입니다.

여덟 번째 수업

# 08 DNA에 이상이 생기면 어떻게 될까요?

1. 정자와 난자의 DNA에 생긴 이상이 자손에게 전달되어 나타나는 것을 무엇이라고 하나요?

2. 유전자 검사로 태아가 다운 증후군인 것을 알았을 때 어떻게 해야 할까요? 이런 경우 낙태를 허용해야 할까요?

아홉 번째 수업

# 09 DNA 자르고 붙이기

**1** DNA를 자르고 붙일 때 쓰는 가위와 풀 같은 존재를 각각 무엇이라고 하나요?

**2** DNA 재조합 기술로 새로운 생물을 만드는 경우를 예를 들어 설명하세요.

3 유전자 조작 식품에 대한 논란이 거셉니다. 병충해에 강하고 많은 수확량을 거둘 수 있다고 주장하는 옹호론에서부터, 안정성에 의심을 제기하며 '프랑켄슈타인 식품' 이라고 하는 비판론까지 다양합니다. 여러분은 유전자 조작 식품을 어떻게 생각하나요?

POINT

거미줄은 무게를 기준으로 하면 강철보다 다섯 배 강합니다. 그러나 거미를 대량으로 키우기 어려우므로 거미줄을 만드는 유전자를 분리해 다른 생물에 집어넣으면 거미줄을 얻을 수 있습니다. 이처럼 유전자 조작을 통하여 생물을 공장에서 만들 수도 있습니다.

열 번째 수업

# 10 DNA로 범인 잡기

**1** 검찰청에서는 강력 범죄의 예방과 수사를 위해 범죄자들의 유전자 정보를 데이터베이스화하는 입법을 추진 중입니다. 하지만 인권 침해라는 주장도 제기되고 있습니다. 범죄자의 유전자 은행 구축에 대해 여러분은 어떻게 생각하나요?

010

# 돌턴이 들려주는 원자 이야기

PV=nRT

W=F·S

Q=c·m·Δt

첫 번째 수업

# 01 세상을 이루는 작은 입자를 찾아서

1 고대 서양에서는 세상이 불, 공기, 물, 흙, 네 가지로 이루어졌다고 생각했습니다. 또 그리스 철학자 탈레스는 만물의 근원을 물이라고 생각했습니다. 과학적으로는 틀린 생각이었지만 당시 사람들이 중요하게 생각했던 자연 요소임을 알 수 있습니다. 여러분은 자연 속 어떤 것이 만물의 근원이라고 생각하나요?

POINT

독일의 화학자 슈탈은 '플로지스톤' 가설을 주장했습니다. 불에 타는 모든 물질 속에는 플로지스톤이라는 원소가 들어 있는데, 이것이 많으면 잘 타고, 없으면 잘 타지 않는다는 것입니다. 이 가설은 라부아지에가 산소를 발견하면서 사실이 아님이 밝혀졌습니다.

두 번째 수업

# 02 원자는 어떻게 생겼을까요?

1 원자와 분자는 어떻게 다른가요? 원자와 분자를 설명해 보세요.

- 원자 :

- 분자 :

**2** 세상에 있는 물질을 구성하는 기본적 요소를 원소라고 합니다. 원소는 처음에 어떻게 생겨나게 됐나요?

**POINT**

지금까지 알려진 원소의 종류는 총 110여 종이 넘으며, 지구에서 발견되는 것은 약 92종, 나머지는 실험실에서 만든 것입니다. 지구상에 가장 많이 존재하는 원소는 산소, 규소 순이며, 천연 원소 중 가장 무거운 것은 우라늄입니다.

# 03 원자는 왜 속이 텅 비었을까요?

1 원자량의 기준이 되는 탄소 원자는 원자량이 12.00입니다. 다음 산소의 원자량은 얼마인가요?

산소 원자 3개＝탄소 원자 4개

산소 원자량＝(                    )

2 원자의 크기는 '나노미터'로, 개수는 '몰'로 표시합니다. 이렇게 특수하게 표시할 수밖에 없는 원자의 특징은 무엇인가요?

네 번째 수업

# 04 원소들도 가족이 있어요

다음에서 설명하는 것을 적으세요.

원소 가족을 한눈에 볼 수 있게 만들어 놓은 표
원소들의 족보
원자 세계의 질서

원소들 중에는 서로 비슷한 성질을 가진 원소들끼리 묶을 수 있습니다. 자연계에는 이런 원소 가족이 모두 18개가 있습니다.

## 2 원자 세계에서 사촌 같은 존재인 동위 원소는 어떤 특징이 있나요?

다섯 번째 수업

# 05 분자들은 달리기 선수

1 절대 온도 0도에서는 모든 분자들이 꼼짝도 못하고 있습니다. 분자들을 활발하게 움직이게 하려면 어떻게 해야 할까요?

POINT

같은 온도일 경우에는 분자의 질량이 가벼울수록 더 빨리 움직이고, 무거운 분자일수록 더 느리게 움직입니다. 세상에서 가장 가벼운 분자는 수소인데, 25℃에서 평균 초속 1,770m 정도 날아다닙니다.

2 겨울에 밖에 나가면 우리는 '아! 공기가 정말 차갑구나' 라고 느낍니다. 평소에는 공기의 존재 자체를 잘 모르다가도 이렇게 느낄 수 있는 것은 무엇 때문인가요?

여섯 번째 수업

# 06 팔방미인 전자

1 전자를 활용하는 예들을 여러분 주변에서 찾아보세요.

일곱 번째 수업

# 07 원자가 이온으로 될 때

1 전류가 잘 통하는 액체를 다음 [보기]에서 모두 골라 보세요.

[보기]

설탕물, 소금물, 증류수, 오렌지 주스, 식초, 레몬즙

2 이온이란 원자가 전자를 잃거나 여러 전자를 얻게 된 것입니다. 빈칸에 알맞은 결과를 쓰세요.

( ) + ( ) = ( )

( ) − ( ) = ( )

여덟 번째 수업

# 08 이온들의 반응

**1** 식초는 산성이고 비누는 염기성입니다. 산성과 염기성은 어떤 차이가 있나요?

**POINT**

사람의 혈액은 약한 염기성을 띠고 있습니다. 이것은 중성인 물속의 수소 이온 비율보다 혈액 속의 수소 이온 비율이 조금 더 작다는 것을 의미합니다. 이러한 혈액 속 수소 이온의 양은 매우 중요해서 만약 수소 이온의 양이 100배 정도 많아지면 생명을 잃게 됩니다.

아홉 번째 수업

# 09 물을 낳는 원소와 물을 만나면 타는 금속

1 물을 낳는 원소와 물을 만나면 타는 원소에는 어떤 것이 있나요?

① 물을 낳는 원소 :

② 물을 만나면 타는 원소 :

# 10 탄소 형제와 산소 형제

다음은 탄소 가족입니다. 각각 특징을 적어 보세요.

① 다이아몬드 :

② 흑연 :

③ 숯 :

**2** 성층권에 있는 오존층의 오존은 많을수록 좋습니다. 하지만 지표 가까이에 있는 오존은 적을수록 좋습니다. 왜 이런 차이가 있을까요?

**POINT**

하얗고 깨끗하게 세탁하기 위해 세제와 함께 표백제를 넣고 세탁하는 경우가 많은데, 이때 널리 쓰이는 것이 바로 산소계 표백제입니다. 산소계 표백제는 '발생기' 산소 원자를 내놓는데, 이는 반응성이 커서 대부분의 물질을 산화시켜 균을 죽이고, 얼룩을 깨끗하게 합니다.

열한 번째 수업

# 11 활발한 할로겐 가족

**1** 친구에게 비밀 편지를 쓰고 싶어서 레몬즙으로 글씨를 쓴 후 말려서 친구에게 보냈습니다. 친구가 내가 쓴 편지를 읽으려면 어떻게 해야 할까요?

**POINT**

치아에 남아 있던 당분은 박테리아에 의해 분해되면서 산이 만들어지는데 이 산이 치아를 썩게 만듭니다. 그런데 치약에 플루오르인산나트륨을 넣어 주면 치아의 에나멜 층에 끼어들어 가서 플루오린화인회석을 만듭니다. 이것은 산에 잘 녹지 않아, 충치 예방에 매우 효과적입니다.

# 12 게으른 비활성 가족

헬륨 기체를 입에 넣고 말하면 디즈니 만화의 도널드 덕처럼 우스꽝스러운 소리가 납니다. '도널드 덕 효과'라 불리는 이 현상은 어떻게 일어나는 것인가요?

memo

memo

# 문제 풀이

## 001권 아인슈타인이 들려주는 상대성 이론 이야기

### 01 첫 번째 수업

1 속력=(움직인 거리)÷(움직인 시간)
2 60km÷3h=20km/h이므로 자동차의 속력은 20km/h입니다.

### 02 두 번째 수업

1 20m/s+3m/s=23m/s입니다.
2 빛은 어떤 상황에서도 속력이 변하지 않기 때문입니다. 이것을 '빛의 속력 불변의 법칙'이라고 합니다.

### 03 세 번째 수업

1 기차 안의 사람과 기차 밖의 사람에게는 빛이 움직인 거리가 다른데, 기차 안의 사람에게는 빛이 더 짧은 거리를 움직인 것으로 보입니다. 그러므로 기차 안 사람의 시간이 기차 밖 사람의 시간보다 더 짧은데, 이는 기차 안의 시간이 더 천천히 흐른다는 말입니다. 즉 움직인 사람의 시간이 정지해 있는 사람의 시간보다 더 천천히 흐른다는 것입니다.

### 04 네 번째 수업

1 움직이는 사람에게는 같은 거리라도 거리가 더 짧습니다. 왜냐하면 움직이는 사람의 시간이 더 천천히 흐르기 때문입니다.
2 가로수들이 홀쭉하게 보입니다.

### 05 다섯 번째 수업

1 속력이 0일 때에는 속력을 크게 증가시킬 수 있지만, 속력이 빛의 속도에 가까우면 속력을 크게 증가시키기가 어렵습니다. 속력을 크게 증가시킬 수 있다는 것은 관성이 작다는 것(질량이 작다)이고, 속력을 크게 증가시키기 어렵다는 것은 관성이 크다(질량이 크다)는 것입니다. 즉 물체의 속력이 커질수록 관성이 커진다는 것이고, 바꿔 말하면 질량이 커진다는 것입니다.
2 빛은 가장 빠른 속력을 가지고 있습니다. 빛에 질량이 있다면 지금 여러분의 방에 있는 형광등에서도 엄청난 질량의 빛이 마구 쏟아질 거고 여러분은 아마 엄청난 무게의 빛에 깔릴 것입니다.

## 06 여섯 번째 수업

1 주사위 같은 입체 도형이 되어야 합니다.

2 개미는 자기가 기어 다니는 평면만을 인식하기 때문에 2차원 생물입니다. 인간처럼 입체적으로 세상을 인식하지 못합니다.

## 07 일곱 번째 수업

1 달은 중력이 작기 때문에 물체를 잡아당기는 힘이 약합니다. 그래서 달에서는 높이 뛸 수가 있습니다.

## 08 여덟 번째 수업

1 시간은 중력이 큰 곳에서 더 천천히 흐릅니다. 태양에 가까울수록 중력이 더 크므로 수성에서 시간이 더 천천히 흐릅니다.

## 09 마지막 수업

1 태양만 한 큰 행성이 폭발하면 부피는 아주 작아지는 반면, 무게는 매우 무거워집니다. 그에 따라 중력 또한 어마어마하게 커지기 때문에 물체를 빨아들이는 힘도 매우 강한 것입니다.

2 지구는 블랙홀에서 멀리 떨어져 있어서 블랙홀의 중력이 강하게 미치지 못합니다. 블랙홀의 중력이 힘을 쓰는 경계를 '사건의 지평선' 이라고 하는데, 지구는 그 바깥에 있습니다.

002권 멘델이 들려주는 유전 이야기

## 01 첫 번째 수업

1 유전이란 부모의 형질이 자손에게 전해지는 현상을 말합니다. 또한 형질이란 부모로부터 자손에게 전달되는 몸의 생김새와 크기, 성질 등을 말합니다.

2 부모님과 붕어빵처럼 닮은 친구도 있을 것이고, 발가락만 닮은 친구도 있을 것입니다. 오늘 하루 부모님의 얼굴을 한번 꼼꼼하게 들여다보세요. 지금의 여러분의 모습과 미래의 여러분의 모습이 보일 것입니다.

## 02 두 번째 수업

1 대립 형질이란 서로 상대적인 관계에 있는 형질을 말합니다. 예를 들어 '쌍꺼풀이 있다-없다.' '보조개가 있다-없다' 처럼 말입니다.

2 [보기]에서 대립 형질은 혀 말기, 쌍꺼풀, 보조개입니다.

3 완두는 값이 싸고, 기르기가 쉬우며, 쉽게 구할 수 있습니다. 또한 잘 자라고, 암술과 수술이 같이 있어서 교배하기도 쉽고, 대립 형질도 뚜렷하여 유전 법칙 연구에 적합합니다.

## 03 세 번째 수업

1 ① 자가 수분 : 한 꽃 안에서 수분이 일어나는 것으로, 수술의 꽃가루가 같은 꽃의 암술머리에 수분하는 현상입니다.
② 타가 수분 : 다른 꽃의 꽃가루가 날아와 수분이 되는 것으로, 서로 다른 유전자를 가진 두 식물 사이에 수분이 일어나는 현상입니다.

2 자가 수분하는 꽃의 열매는 자기 꽃의 형질만 갖게 되지만, 타가 수분하는 꽃의 열매는 꽃가루를 준 꽃과 암술이 있는 꽃의 형질 모두를 갖게 됩니다.

3 빨리 자라는 벼와 열매가 많이 맺히는 벼를 타가 수분하여 볍씨를 얻습니다. 이 볍씨를 심어 나온 열매 중에서 빨리 자라고, 열매가 많이 맺히는 것만 또 골라 볍씨를 얻습니다. 이런 과정을 계속 되풀이하면 생장 속도가 빠르고, 열매가 많이 맺히는 우수한 품종의 벼를 얻을 수 있습니다.

## 04 네 번째 수업

1 ① 노란색입니다.
② 우성입니다.

2 혼합설이 옳다면 노란색 완두와 초록색 완두 사이에서 나온 잡종 제1대의 완두는 두 완두의 중간색이 나와야 합니다. 그러나 우열의 법칙에 따라 우성인 노란색 완두가 나온 것입니다.

## 05 다섯 번째 수업

1 ① 유전자형 : RR
표현형 : 둥근 모양의 완두
② 유전자형 : Rr
표현형 : 둥근 모양의 완두
③ 유전자형 : rr
표현형 : 주름진 모양의 완두

## 06 여섯 번째 수업

1 잡종 제1대에서는 나타나지 않았던 열성 형질까지 나타납니다. 그리고 우성 형질과 열성 형질의 비가 3:1로 나타납니다.

## 07 일곱 번째 수업

1 ① 표현형 : A-노란색, B-노란색, C-노란색, D-초록색
② 유전자형 : a-YY, b-Yy, c-Yy, d-yy

2 노란색 완두 : 초록색 완두=3:1

3 잡종 제1대를 자가 수분시키면 생식 세포를 만들 때 대립 형질을 나타내는 유전자가 분리되어 생식 세포로 나뉘어 들어가 잡종 제2대의 표현형이 일정한 비율로 분리되어 나타난다는 법칙입니다.

## 08 여덟 번째 수업

1 ( 2 )×( 2 )=( 4 )

2 ( 2×2×2×2×2×2×2 )=( 128 )

## 09 아홉 번째 수업

1 둥근 완두콩의 유전자형은 RR과 Rr입니다. 만약 유전자형이 RR이라면 순종이고, Rr이라면 잡종입니다.

2 열성인 주름지고 초록색인 완두랑 교배하면 됩니다. 이것을 검정 교배라고 합니다.

3 검정 교배는 열성 형질을 가진 순종은 항상

열성 형질의 유전자만 들어 있는 꽃가루와 밑씨를 만든다는 것에서 아이디어를 얻은 것입니다.

## 10 열 번째 수업

1 붉은색과 흰색의 중간색인 분홍색이 나타났습니다. 또 이 분홍 분꽃을 다시 자가 수분시켜 잡종 제2대를 얻었더니 붉은색 분꽃과 분홍 분꽃, 하얀 분꽃이 1:2:1의 비율로 나타났습니다.

2 멘델의 우열의 법칙과 맞지 않습니다.

3 분꽃의 붉은색 유전자와 흰색 유전자 사이에는 우열의 관계가 불분명하여 잡종 제1대에서 어버이의 중간 형질이 나타납니다. 이런 현상을 중간 유전이라고 합니다.

## 11 마지막 수업

1 사람의 유전 형질을 연구할 때에는 여러 가지 어려움이 있습니다. 사람은 한 세대가 길기 때문에 시간이 오래 걸리고, 자손의 수가 적어 통계를 내기가 어려우며, 마음대로 교배할 수가 없습니다. 또한 유전 형질이 다른 생물보다 훨씬 많고, 환경에 의한 차이가 생길 수 있습니다.

# 003권 파인먼이 들려주는 불확정성 원리 이야기

## 01 첫 번째 수업

1 $10^{-10}=0.0000000001=\frac{1}{10,000,000,000}$

2 (−)전기를 띤 가장 작은 알갱이입니다.

3 휘어진 광선을 이루는 원자 속에는 (−)전기를 띤 전자가 있습니다.

## 02 두 번째 수업

1 보라 광자는 에너지가 커서 유리관 안의 금속 속에 있는 전자를 때려 밖으로 튀어나오게 할 수 있습니다. 이것은 보라 광자의 에너지가 전자에까지 전달되기 때문입니다. 하지만 빨간 광자는 에너지가 작아 전자에게 충분한 에너지를 주지 못합니다. 그래서 전자들이 튀어나오지 못하므로 전류가 흐르지 않는 것입니다.

2 빛을 이루는 알갱이를 광자라고 합니다. 흰빛 속에는 빨강 광자부터 보라 광자까지 7종류의 광자가 들어 있습니다.

## 03 세 번째 수업

1 첫 번째 그림에서는 종이의 분자가 골고루 퍼져 있어 총알이 주는 충격을 버틸 수 없기 때문에 뚫리는 것입니다. 하지만 두 번째 그림에서는 종이를 두껍게 접어 분자를 한 곳으로 모이게 했기 때문에 총알이 밖으로 튕겨 나오는 것입니다.

2 원자핵이 전자에 비해 아주 무겁기 때문입니다.

3 전자, 정전기

## 04 네 번째 수업

1 첫 번째로 광자가 전자에게 에너지를 줄 수 있습니다. 두 번째로는 원자를 뜨겁게 가열하는 방법으로 전자에게 에너지를 줄 수 있습니다.

## 05 다섯 번째 수업

1 불확정성 원리라고 합니다. 불확정성 원리는 1927년 하이젠베르크가 발견하였습니다.

2 위치 오차를 작게 하면 속도 오차가 커지고, 속도 오차를 작게 하면 위치 오차는 커집니다.

3 전자가 너무 가볍기 때문입니다. 따라서 전자의 속도를 정확히 알 수가 없습니다.

## 06 여섯 번째 수업

1 속력이 빠르면 물체는 여러 개로 보입니다.

2 전자가 원자핵 주위에 존재할 확률을 나타낸 모습입니다.

## 07 일곱 번째 수업

1 수소는 양성자 주위에 전자 한 개가 돌고 있는 가장 간단한 원자입니다. 헬륨 원자의 핵은 양성자 2개와 중성자 2개로 이루어져 있습니다.

2 원자핵, 중성자, 양성자

3 중수소입니다. 중수소는 수소의 동위 원소입니다.

## 08 여덟 번째 수업

1 바륨＋크립톤＋중성자 2개

2 원자력 발전을 꼽을 수 있습니다. 그 밖에 여러분이 생각해 낸 것을 적어 보세요.

## 09 마지막 수업

1 양성자는 두 개의 업 쿼크와 한 개의 다운 쿼크로 이루어져 있고, 중성자는 두 개의 다운 쿼크와 한 개의 업 쿼크로 이루어져 있습니다.

2 양성자가 전기를 띠고 있으므로 양성자가 움직이는 곳에 센 자석을 놓으면 큰 전자기력을 받아 점점 빨라집니다.

## 004권 호킹이 들려주는 빅뱅 우주 이야기

## 01 첫 번째 수업

1

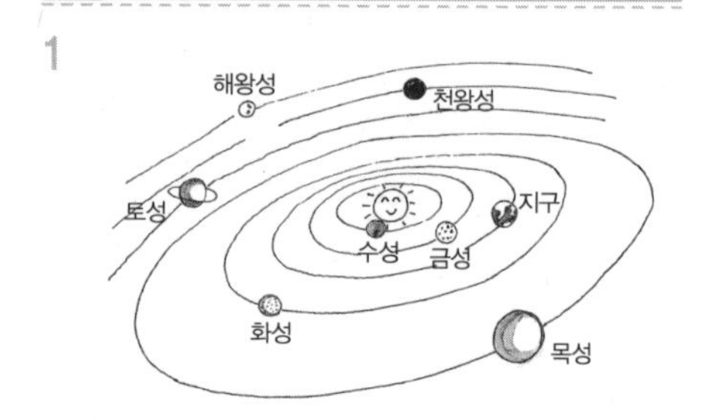


2 성운 속에서 순간적으로 성간 물질이 없는 곳이 생기면 주변의 성간 물질이 그곳으로 몰려들어 별을 만듭니다. 이때 성간 물질의 양이 많으면 별이 되고, 적으면 별이 되지 못하고 행성이 됩니다.

3 별은 항성으로서 태양처럼 스스로 빛을 내는 반면, 행성은 항성 주위를 도는 것으로서 스스로 빛을 내지 못합니다.

## 02 두 번째 수업

1 여러분이 추측해 보는 문제입니다. 스스로가 호킹 같은 과학자라고 생각하고 자신의

의견을 적어 보세요.

## 03 세 번째 수업

1 여러분이 추측해 보는 문제입니다. 현재의 과학 기술에 의해 지구로부터 가장 먼 곳에 있는 물체를 우주의 끝이라고 정의한다면, 미래의 과학 기술에 의해 그 끝이 더욱 멀어질 수도 있다는 가정하에 무한할 거라고 생각할 수도 있습니다.

2 보랏빛보다 파장이 짧은 자외선, X선, 감마선과 빨간빛보다 파장이 긴 적외선으로 나뉩니다.

## 04 네 번째 수업

1 모든 파동은 관측자로부터 멀어지면 파장이 길어지고, 관측자에게 가까워지면 파장이 짧아집니다.

2 안드로메다은하가 점점 멀어진다는 것은 우주가 팽창하고 있다는 것을 뜻합니다.

## 05 다섯 번째 수업

1 우주는 빅뱅 이론에 의해 아주 뜨거운 한 점에서 팽창해서 지금의 크기가 되었습니다. 이러한 원리를 바탕으로 자신의 의견을 적어 보세요.

## 07 일곱 번째 수업

1 웜홀은 우주 밖으로 나가는 통로로, 우주가 아닌 다른 곳으로 난 구멍입니다. 화이트홀은 웜홀을 통과한 물질을 내보내는 곳입니다.

## 08 여덟 번째 수업

1 현재 우주의 질량이 아주 가볍기 때문에 팽창하고 있는 것입니다. 지금까지의 질량 정도라면 우주는 끝없이 팽창하게 될 것입니다.

2 별들 전체 질량의 열 배나 되는 암흑 물질이 은하가 도망가지 못하도록 둘러싸고 있으니 블랙홀이라고 볼 수 있습니다.

## 09 마지막 수업

1 생명체가 살기 위해서는 우선 별 주위를 돌고 있는 행성이어야 하고, 기체를 포함한 적당한 대기가 있어야만 하기 때문입니다.

2 인간이 달에서 살기 위해서는 무중력을 버

틸 수 있는 과학적 시설이 있어야 하고, 물과 공기도 있어야 합니다.

3 화성이 가장 적합하다고 볼 수 있습니다. 왜냐하면 화성은 공기가 희박하지만 물이 있었던 흔적이 있기 때문입니다.

## 005권 가우스가 들려주는 수열 이야기

### 01 첫 번째 수업

1 수열, 등차수열, 공차, 항

### 02 두 번째 수업

1 ① 이웃하는 두 수의 비가 일정한 값이 되는 수열을 등비수열이라고 합니다.
② 공비는 각 항에 차례대로 곱해지는 일정한 수로, 주어진 수열의 공비는 2입니다.

### 03 세 번째 수업

1 제1항과 제2항을 더하면 제3항이 나오고, 제2항과 제3항을 더하면 제4항이 나옵니다. 이렇게 앞의 두 항을 더한 수가 그 다음 항이 되는 것이 이 수열의 특징입니다.

$1+1=2$

$1+2=3$

⋮

## 04 네 번째 수업

1 $\frac{1}{6}$

2 ① 이웃 항의 차이가 규칙적인 변화를 가진 수열을 이루는 것을 계차수열이라고 합니다.

② 11

## 05 다섯 번째 수업

1 ① 20 ② 16 ③ 12 ④ 8 ⑤ 4 ⑥ 24
⑦ 5 ⑧ 24 ⑨ 5 ⑩ 120 ⑪ 60

2 $\frac{(15+1)\times 8}{2}=64$(개)

## 06 여섯 번째 수업

1 ① 무한대 ② $\infty$

2 ① 제1항 ② 공비

3 ① 3 ② $\frac{1}{2}$ ③ 6

## 07 일곱 번째 수업

1 ① 유한소수 : 소수점 아래에 있는 숫자의 개수가 유한개인 소수

② 무한소수 : 소수점 아래로 끝없이 숫자가 나타나는 소수

2 $2\times\frac{1}{10}+5\times\left(\frac{1}{10}\right)^2$

3 $0.555\cdots=\frac{5}{10}\div\left(1-\frac{1}{10}\right)$

$=\frac{5}{10}\times\frac{10}{9}=\frac{5}{9}$

## 09 마지막 수업

1 무리수

## 006권 파스칼이 들려주는 확률 이야기

### 01 첫 번째 수업

1 (인형 1개를 가지는 방법의 수)=(곰 인형을 갖는 방법의 수)+(사람 인형을 갖는 방법의 수)

따라서 2+3=5이므로 5가지가 됩니다.

2 합의 법칙입니다. 합의 법칙은 각 경우의 가짓수를 더하여 전체의 경우의 수를 구하는 것을 말합니다.

### 02 두 번째 수업

1 3명의 학생을 A, B, C라고 할 때, 순서대로 세우는 방법은 다음과 같습니다.

ABC　ACB
BAC　BCA
CAB　CBA

따라서 6가지입니다.

2 순서대로 읽으면 2팩토리얼, 3팩토리얼, 4팩토리얼입니다.

3 모두 18가지입니다. 0이 첫째 자리에 오는 경우는 0123, 0132, 0213, 0231, 0312, 0321이며 모두 6가지입니다. 따라서 $4!-3!=24-6=18$이 되므로 18가지입니다.

### 03 세 번째 수업

1 가장 짧은 길이 되려면 오른쪽으로 가는 2m 도로를 3번, 위로 가는 1m 도로를 2번 이용해야 합니다. 이것은 1이 2개, 2가 3개 있는 5개의 수를 순서대로 나열하는 방법의 수입니다. 이렇게 같은 것이 있을 때는 5!을 같은 개수만큼의 팩토리얼로 나누어 주어야 합니다. 즉, 1이 2개이므로 2!로, 2가 3개이므로 3!로 나누어 주어야 합니다.

$$\frac{5!}{2!\times3!}=\frac{5\times4\times3\times2\times1}{2\times1\times3\times2\times1}$$

$$=10(\text{가지})$$

### 04 네 번째 수업

1 서로 다른 2개에서 4개를 뽑아 세우는 방법의 수는 $2\times2\times2\times2=16$이 되므로 모두 16가지입니다.

### 05 다섯 번째 수업

1 $(3-1)!=2!=2\times1=2$(가지)

## 06 여섯 번째 수업

1 단순히 2개를 뽑기만 한다면 1, 2를 뽑는 것이나 2, 1을 뽑는 것이나 다르지 않기 때문입니다.

2 A: $\frac{3\times2}{2\times1}$ 3개의 가로선에서 2개의 가로선을 택하는 방법의 수입니다.

B: $\frac{4\times3}{2\times1}$ 4개의 세로선에서 2개의 세로선을 택하는 방법의 수입니다.

## 07 일곱 번째 수업

1 확률은 다음과 같이 정의됩니다.

$$(\text{확률})=\frac{(\text{원하는 경우의 수})}{(\text{전체 경우의 수})}$$

확률의 중요한 성질 가운데 하나는 '여러 가지 경우가 일어날 때 각 경우의 확률들의 합은 항상 1이다' 입니다.

## 08 여덟 번째 수업

1 전체 경우의 수가 10가지이고, 3의 배수는 3가지이므로 3의 배수가 나올 확률은 $\frac{3}{10}$이 됩니다. 또한 전체 경우의 수가 10가지이고, 4의 배수는 2가지이므로 4의 배수가 나올 확률은 $\frac{2}{10}$가 됩니다. 그러므로 이 두 확률을 더하면 1부터 10까지 적힌 숫자 카드 중 1장을 뽑았을 때, 3의 배수 또는 4의 배수를 뽑을 확률은 $\frac{3}{10}+\frac{2}{10}=\frac{5}{10}$가 됩니다.

## 09 마지막 수업

1 동전의 앞면 개수에 따른 상금과 확률은 다음과 같습니다.

앞면이 0개일 경우 : 상금 0원, 확률 $\frac{1}{4}$

앞면이 1개일 경우 : 상금 100원, 확률 $\frac{2}{4}$

앞면이 2개일 경우 : 상금 200원, 확률 $\frac{1}{4}$

상금 액수에 각각의 확률을 곱하여 더하면 다음과 같습니다.

$$0\times\frac{1}{4}+100\times\frac{2}{4}+200\times\frac{1}{4}=100(\text{원})$$

이렇게 구한 값 100원은 이 게임에서 동전 2개를 던지는 사람이 기대할 수 있는 상금입니다. 이것은 어떤 사람이 여러 번 이 게임을 하면 평균적으로 한 판에 100원 정도의 상금을 얻을 수 있다는 뜻입니다. 그러므로 이 금액의 2배인 200원을 참가비로 정해야 공평합니다. 다시 말해 게임은 얻을 수 있을 것으로 기대하는 상금의 2배를 참가비로 정하는 것이 가장 공평합니다.

| 007권 | 뉴턴이 들려주는 만유인력 이야기 |
|---|---|

## 01 첫 번째 수업

1 물체가 힘을 받으면 속도가 변합니다. 그리고 일정 시간 동안 속도가 얼마나 변했나를 나타내는 양이 가속도입니다. 가속도는 속도의 변화를 시간으로 나눈 값입니다. 속도의 단위가 m/s이고 시간의 단위가 s(초)이므로, 가속도의 단위는 $m/s^2$이 됩니다.

2 ① 남학생의 가속도 : $4m/s \div 2s = 2m/s^2$
② 여학생의 가속도 : $8m/s \div 2s = 4m/s^2$

## 02 두 번째 수업

1 같은 방향으로 힘이 작용해야 합니다.

2 두 힘이 서로 반대 방향에서 작용하고 크기가 같으면 물체는 움직이지 않습니다. 이때 두 힘이 평형을 이룬다라고 말하죠. 평형일 때 두 힘의 합력은 0입니다.

## 03 세 번째 수업

1 ① 비례 ② 반비례

2 달에서 중력 가속도의 값은 지구에서의 중력 가속도 값의 $\frac{1}{6}$입니다. 그러니까 달에서는 물체가 받는 중력이 지구에서의 $\frac{1}{6}$이 됩니다. 그래서 달에서는 지구에서보다 쉽게 높은 곳까지 올라갈 수 있습니다.

3 얇은 종이가 쇠구슬을 위로 받치는 힘(수직항력)이 지구가 쇠구슬을 아래로 당기는 힘보다 작기 때문입니다.

## 04 네 번째 수업

1 ① 탄성력 ② 당기는 힘
합력이 0이 되어 두 힘이 평행을 이루므로 움직이지 않게 됩니다.

2 용수철의 탄성력은 늘어난 길이에 비례합니다.

3 같은 무게의 물체를 매달았을 때 더 적게 늘어나는 용수철의 용수철 상수가 큽니다.

## 05 다섯 번째 수업

1 물체에 작용한 힘과 마찰력이 평형을 이루기 때문입니다.

2 물체가 움직이는 동안 계속 마찰력을 받으면, 마찰력은 물체가 움직이는 방향과 반대 방향으로 작용하므로 물체에 작용하는 합력

은 점점 작아집니다. 그래서 물체가 점점 느려지게 되고, 그러다가 물체의 속도가 0이 되는 순간에 물체는 멈추게 되는 것입니다.

## 06 여섯 번째 수업

1 지구가 사과에 작용한 힘을 작용, 사과가 지구에 작용한 힘을 반작용이라고 합니다.

2 바닥의 반작용 때문입니다. 여학생이 바닥을 민 힘이 40N인데, 여학생이 바닥을 그 힘으로 밀면 바닥도 같은 힘으로 여학생을 밀게 됩니다. 바닥이 여학생을 미는 힘은 위로 향합니다. 그러므로 여학생에 작용하는 힘은 아래 방향으로의 중력과 바닥이 위로 작용하여 여학생을 미는 힘과의 합력이 됩니다. 그래서 그만큼 무게가 덜 나가는 것입니다.

3 땅을 미는 힘의 차이 때문입니다. 태호가 땅을 큰 힘으로 밀면 반작용에 의해 땅도 태호를 큰 힘으로 밀어냅니다. 이때 진우가 작은 힘으로 땅을 밀면 땅은 진우를 작은 힘으로 밀어냅니다. 땅이 두 사람을 뒤로 밀어내는 힘이 태호가 크기 때문에 태호 쪽으로 두 사람이 움직이게 됩니다.

## 07 일곱 번째 수업

1 물이 쏟아진 것은 만유인력 때문입니다. 물이 쏟아지지 않은 것은 원심력이 작용했기 때문입니다.

2 $구심력 = \frac{질량 \times 속도^2}{반지름}$

구심력은 항상 원의 중심 방향으로 향합니다.

## 09 마지막 수업

1 두 물체가 충돌할 때는 충돌하기 전에 두 물체가 가지고 있던 운동량의 총합과 충돌한 후 두 물체가 가진 운동량의 총합이 같아야 합니다. 이를 운동량 보존의 법칙이라고 합니다.

| 008권 | 갈릴레이가 들려주는 낙하 이론 이야기 |
| --- | --- |

## 01 첫 번째 수업

1 일정한 속력으로 움직였다는 것입니다.
2 평균 속력이란 일정한 시간 간격 동안의 물체의 빠르기입니다.

## 02 두 번째 수업

1 물체가 움직인 변위를 구하면 됩니다. 변위란 물체의 나중 위치와 처음 위치의 차이를 나타내는 벡터양으로 나중 위치의 좌표에서 처음 위치의 좌표를 빼서 구합니다.
2 직각삼각형에서 빗변이 아닌 다른 두 변의 길이의 제곱의 합은 빗변의 길이의 제곱과 같다는 것입니다.
3 변위 벡터 $=(6, 8)-(0, 0)=(6, 8)$

## 03 세 번째 수업

1 물체의 속도가 변하는 경우 일정 시간 동안 얼마나 속도가 변하는지를 나타내는 양을 가속도라 합니다.

$$(\text{가속도})=\frac{(\text{속도의 변화})}{(\text{시간})}$$

2 물체의 속도가 증가하면 가속도의 방향이 물체의 운동 방향과 같지만, 속도가 감소하면 가속도의 방향은 물체의 운동 방향과 반대 방향입니다.

## 04 네 번째 수업

1 공기의 저항 때문입니다. 공기는 질량을 가진 분자들로 이루어져 있는데, 종이는 떨어지면서 면적이 넓어 많은 공기 분자들과 충돌을 합니다. 하지만 쇠구슬은 그러한 충돌이 적어서 빨리 떨어집니다.
2 공의 속도가 커지면서 평균 속력이 증가하고, 가속도는 일정한 운동을 합니다.

## 05 다섯 번째 수업

1 그네는 낮은 곳으로 내려오면서 속력이 커지고, 높은 곳으로 올라가면서 속력이 작아집니다.

## 06 여섯 번째 수업

1 수평 방향으로 던진 물체는 수직 방향으로

만 중력 가속도를 받게 되므로 수직 방향으로 점점 빨라지는 운동을 합니다. 그러나 수평 방향으로는 등속 운동하므로 물체의 운동이 포물선 모양이 됩니다.

## 07 일곱 번째 수업

1 힘을 받지 않을 때 물체가 처음의 상태를 유지하려고 하는 성질을 말합니다. 즉 물체가 원래의 운동 상태를 유지하려는 성질입니다.

2 관성에 의해 처음의 운동 상태를 유지하려 하기 때문에 가려던 방향으로 계속 움직이게 되는 것입니다.

3 달려가던 사람이 돌부리에 걸려 넘어지거나 이불에 붙은 먼지를 털 수 있는 것도 관성에 의한 것입니다.

## 08 여덟 번째 수업

1 지구는 태양 주위를 원을 그리며 돌고 있는데, 지구의 운동은 속도가 일정하지 않아 관성계가 아닙니다. 하지만 지구상의 모든 물체는 지구와 동일한 속도로 움직이고 있으므로, 지구상의 세계는 관성계가 되는 것입니다.

## 09 마지막 수업

1 만일 천동설이 맞는다면, 화성의 공전 속도가 달라진다 해도 화성이 반대 방향으로 도는 현상을 관측할 수 없었을 것입니다. 이렇듯 화성의 도는 방향이 변하는 것으로 지동설의 옳음을 증명했습니다.

2 월식 때 지구의 둥근 그림자를 볼 수 있다거나, 저 멀리 수평선에서 배가 다가올 때 배의 윗부분부터 보이는 것 등을 예로 들 수 있습니다.

| 009권 | 왓슨이 들려주는 DNA 이야기 |
|---|---|

## 01 첫 번째 수업

1 DNA는 세포가 하는 일을 조절하고, 유전 정보의 역할을 합니다.
2 DNA는 우리 몸속에서 세포의 핵 안에 자리 잡고 있습니다.

## 02 두 번째 수업

1 단백질에 감아 놓은 DNA를 겹쳐서 꼬면 염색질이 됩니다. 염색질은 세포핵 속에 존재하며 염기성 색소에 잘 염색되는 물질입니다.
2 염색질이 운반하기에 좋게 뭉치면 염색체가 됩니다. 염색체 안에는 유전 정보가 들어 있습니다.

## 03 세 번째 수업

1 많은 정보를 간직할 수 있기 때문입니다. 또한 유전 정보를 읽기 편하게 보관할 수 있기 때문입니다.
2 본 도서 그림을 참고해서 만들어 보세요.

## 04 네 번째 수업

1 DNA의 정보는 복사되어 세포질로 전달됩니다. 사다리 모양의 DNA가 마치 지퍼가 열리듯 벌어진 뒤 한쪽을 택해 마치 새로운 DNA가 생기듯 새로운 가닥이 생겨납니다. 이 가닥을 mRNA라고 하며, 복사가 끝나면 새로 생긴 이 가닥은 떨어져 나와 핵 밖으로 나가게 됩니다.
2 간세포에서 복사되는 DNA 부분과 뇌세포에서 복사되는 DNA 부분이 다르기 때문입니다.

## 05 다섯 번째 수업

1 DNA 정보는 세포질에서 어떤 단백질이 만들어져야 하는지 알려 줍니다.
2 단백질은 세포의 일꾼입니다. 예를 들어, 세포 안에서 화학 반응이 일어나게 한다거나 필요한 물질을 운반한다거나 몸을 움직이게 하는 일을 담당하고 있습니다.

## 06 여섯 번째 수업

1 엄마와 아빠로부터 각각 하나씩의 염색체를 받기 때문에 염색체 수가 두 배로 늘어나지 않습니다.

2 ① 46

② 23

③ 성염색체

## 07 일곱 번째 수업

1 1란성 쌍생아는 수정란이 분열한 뒤 2개의 세포로 되었을 때 이것이 쪼개지면서 생깁니다. 그런데 수정란이 두 개의 세포로 분열되기 전 이미 DNA를 복사해서 나눠 가지므로 1란성 쌍생아의 세포 속 유전자는 똑같은 것입니다.

2 우리말로 유전체라고도 합니다. 세포에는 유전자가 짝을 이룬 23쌍의 염색체가 들어 있습니다. 이 중 한쪽의 유전자를 모두 합한 것을 게놈이라고 합니다. 즉 세포에는 2개의 게놈이 있고, 정자와 난자에는 한 개의 게놈이 있습니다.

## 08 여덟 번째 수업

1 돌연변이라고 합니다. 돌연변이는 유전 물질의 복제 과정에서 우연히 발생하는 자연 발생적 요인과 방사선이나 화학 물질 등과 같은 외부 요인에 의해 발생합니다.

2 우리나라에서는 이러한 경우 낙태를 허용하지 않고 있습니다. 장애인이 살아가기에 힘들지 않은 사회를 만들어 나간다면 다운 증후군이라는 이유로 낙태를 하는 일은 줄어들 것입니다.

## 09 아홉 번째 수업

1 DNA를 자르는 가위 같은 존재를 제한 효소, 자른 DNA를 붙이는 풀 같은 존재를 연결 효소라고 합니다.

2 큰 물고기를 만들거나 여러 가지 특성을 갖는 식물을 얻을 수 있습니다. 예를 들어, 풀을 죽이는 약에 잘 견디는 미생물로부터 유전자를 잘라내어 식물 세포에 넣은 다음 배양하면 풀을 죽이는 약에 잘 견디는 콩이나 옥수수 등을 얻을 수 있습니다.

3 유전자 조작 식품을 사람이 계속 섭취했을 때 새로운 유전자로 인해 예상치 못한 독성이나 알레르기를 일으킬 수 있다는 점에서

우려하는 목소리가 있습니다. 반대로 그런 문제는 과학 기술로 충분히 해결할 수 있고 유전자 조작 식품이 세계 빈곤 문제를 해결할 수 있다고 주장하기도 합니다. 각각의 입장을 잘 살펴보고 자신의 생각을 정리해 보세요.

## 10 열 번째 수업

1 범죄자의 유전자 정보를 국가에서 관리하게 되면 범죄 수사에 있어서 더 효율적이고 신속해질 것입니다. 하지만 아무리 범죄자라 해도, 그 사람의 인권 침해와 그에 관한 정보가 유출될 경우 생길 수 있는 부작용도 고려해야 합니다. 여러분도 자신의 입장을 정리해 보세요.

# 010권 돌턴이 들려주는 원자 이야기

## 01 첫 번째 수업

1 자신이 생각하는 중요한 요소를 충분히 뒷받침하여 설명해 보세요. 친구들과 함께 얘기해도 좋습니다. 어떤 친구는 숨을 쉬어야 하니까 공기라고 할 수도 있고, 어떤 친구는 물에서 모든 생명이 처음 생겨나고 인간도 양수라는 물속에 있었으니까 물이 가장 중요하다고 주장할 수도 있습니다.

## 02 두 번째 수업

1 • 원자 : 물질을 이루는 가장 작은 단위.
  • 분자 : 원자와 원자가 결합하여 만들어진 것으로, 물질의 성질을 나타내는 기본 단위.

2 빅뱅으로 우주가 만들어지고 3분이 지난 후에 수소, 헬륨, 리튬과 같은 가벼운 원소들이 제일 처음 만들어졌습니다. 그런데 대부분의 원소의 고향은 별입니다. 별이 사라질 때 생기는 폭발 과정에서 무거운 원소들이 만들어졌기 때문입니다.

## 03 세 번째 수업

1 산소 원자량 = (16)
원자량이 12.00인 탄소 원자 4개의 질량은 48.00입니다. 이 질량은 또한 산소 원자 3개의 질량이므로 산소 원자 1개의 원자량은 48.00 ÷ 3 = 16.00입니다.

2 원자의 질량과 크기가 매우 작기 때문입니다.

## 04 네 번째 수업

1 주기율표입니다. 주기율에 따라서 원소를 배열한 표이며, 원소들의 화학적 성질의 유사성에 따라 제1족부터 제18족까지 이루어져 있다.

2 화학적인 성질은 비슷하고, 물리적인 성질은 서로 다릅니다. 즉 중성자의 수가 달라서 질량은 서로 다르지만 화학적으로 비슷한 반응을 보입니다.

## 05 다섯 번째 수업

1 온도가 올라가면 분자들이 움직이면서 분자들의 운동 에너지도 커집니다.

2 낮은 온도의 공기 분자가 체온이 37℃인 우리 몸에 닿으면, 살갗에서 에너지를 빼앗아 가므로 우리 몸은 차가움을 느끼게 됩니다.

## 06 여섯 번째 수업

1 전구, 건전지, 각종 전기 제품 등에 많이 활용됩니다. 전기의 주인공은 전자니까 전기가 있는 곳에는 전자가 있는 것입니다.

## 07 일곱 번째 수업

1 소금물, 식초, 레몬즙, 오렌지 주스가 전해질 용액으로 전기가 잘 통합니다.

2 원자 + 전자 = 음이온
원자 − 전자 = 양이온

## 08 여덟 번째 수업

1 산성은 물속에서 수소 이온을 잘 만들어 내는 성질을 갖고 있고, 염기성은 수소 이온을 잘 빼앗아가는 성질을 갖고 있습니다.

## 09 아홉 번째 수업

1 ① 수소와 산소 ② 칼륨 등

## 10 열 번째 수업

1 ① 다이아몬드 : 탄소가 땅속 깊은 곳에서 높은 압력과 온도에 의해 느린 속도로 결정체가 된 것입니다. 자연계에 순수한 형태로 존재, 매우 단단하고 열을 잘 전달하며 마찰시키면 전기를 띱니다.

② 흑연 : 검은색의 금속광택을 냅니다. 연필심의 주성분이며 원자로의 감속재로도 쓰입니다.

③ 숯 : 비결정체입니다. 탄화 과정 속에서 작은 구멍이 많이 생기는데 이 구멍들 때문에 숯은 흡착성을 가집니다.

2 성층권에 있는 오존은 자외선을 막아 줍니다. 그러나 지표 가까이의 오존은 자동차 배기가스 속의 질소 산화물이 산소 분자를 산소 원자로 분리시켜 생성됩니다. 이 오존은 기침, 두통, 호흡기 질환을 유발할 수 있습니다.

## 11 열한 번째 수업

1 친구는 이 편지를 요오드 용액을 떨어뜨린 소금물에 담가야 합니다.

## 12 마지막 수업

1 목소리는 크게 두 가지 요인에 의해 결정됩니다. 먼저, 폐에서 나온 공기가 성대를 통과하면서 진동할 때, 진동수의 크고 작음에 따라 소리의 높낮이가 결정됩니다. 또 입안에 있는 기체의 종류에 따라 목소리가 달라지기도 합니다. 입안에서 울리는 소리의 속도가 입안에 있는 기체의 밀도에 따라 달라지기 때문입니다. 헬륨의 밀도는 공기보다 훨씬 작습니다. 그래서 헬륨 기체를 통과하는 소리의 속도는 공기의 경우보다 3배 정도 빨라져 진동수가 높아집니다. 따라서 헬륨 기체를 넣고 말을 하면 평상시보다 3.7배 정도 높은 소리가 납니다. 이것이 '도널드 덕 효과' 의 비밀입니다.